微分積分学20講

数学・基礎教育研究会 編著

朝倉書店

───【 数学・基礎教育研究会 】───

天 野 一 男　群馬大学工学部

天 羽 雅 昭　群馬大学工学部

宇 内　　泰　足利工業大学

小 竹 義 朗　群馬大学教育学部

小 林 文 夫　群馬大学工学部

瀬 山 士 郎　群馬大学教育学部

都 丸　　正　群馬大学医学部

福 島　　博　群馬大学教育学部

柳 井 久 江　埼玉大学理学部

渡 辺 秀 司　群馬大学工学部

(五十音順)

まえがき

　本書は数学の授業内容について相談する機会の多い人達の集まり：数学・基礎教育研究会による微分積分学の基礎的教科書です．

　学生諸君の学習経験が多様化しているので，テーマの選択と記述レベルの判断がむずかしいですが，予備知識を出来るだけ仮定しないでまとめるよう努力しました．

　内容は 1・2 章が 12 節，3・4 章が 12 節からなり，前期・後期それぞれ 90 分の講義 10 講ずつ合計 20 講義分と数回の演習で構成されています．

　テーマの選択や記述などについてご意見をいただければ幸いです．

　2003 年 1 月

執筆者一同

目　　次

1. 微　　分 ··· 1
　1.1　初等関数とその微分（I）　指数関数と対数関数 ··············· 1
　1.2　初等関数とその微分（II）　三角関数と逆三角関数 ············ 6
　1.3　関数の微分と導関数の計算 ·· 12
　1.4　初等関数のテーラー展開 ··· 20
　1.5　テーラー展開の応用（I）　関数の極大極小 ······················ 26
　1.6　テーラー展開の応用（II）　ロピタルの定理ほか ··············· 30

2. 積　　分 ··· 36
　2.1　定積分と不定積分 ··· 36
　2.2　不定積分の基礎 ··· 42
　2.3　有理関数の積分 ··· 48
　2.4　種々の不定積分 ··· 52
　2.5　広　義　積　分 ··· 57
　2.6　積分の応用 ··· 63

3. 偏　微　分 ·· 73
　3.1　2変数関数 ··· 73
　3.2　偏微分と全微分 ··· 80
　3.3　合成関数の微分 ··· 86
　3.4　高階偏導関数とテーラーの定理 ······································ 91
　3.5　極大・極小 ··· 98
　3.6　陰関数とその応用 ··· 105

4. 重 積 分 ……………………………………………………114
4.1 重 積 分 ……………………………………………………114
4.2 累 次 積 分 …………………………………………………118
4.3 変 数 変 換 …………………………………………………123
4.4 広 義 積 分 …………………………………………………130
4.5 3 重 積 分 …………………………………………………134
4.6 重積分の応用 ………………………………………………141

索　　引 ……………………………………………………………149

1
微　　分

1.1　初等関数とその微分（I）　指数関数と対数関数

初等関数

いままで学んできた関数には，多項式関数，分数関数，無理関数，指数関数などがある．これらの関数をまとめて初等関数という．初等関数には次の7種類がある．

1. 多項式関数　2. 分数関数　3. 無理関数　4. 指数関数
5. 対数関数　6. 三角関数　7. 逆三角関数

この節ではこれらのうち，指数関数と対数関数について調べよう．

指数関数

変数 x が1変化するとき変数 y が一定の倍率 a で変化する関数を指数関数といい

$$y = a^x$$

と書く．a をこの指数関数の底という．ただし，底 a は1でない正数とする．

【例1】　指数関数 $y = 2^x$ のグラフと指数関数 $y = \left(\dfrac{1}{2}\right)^x$ のグラフ（図1.1）

指数関数では x が2倍，3倍と変化すると y は2乗，3乗と変化するから，急激に増加したり，減少したりする．

【例2】　1cm^3 の物体が1時間ごとに倍に増えていくとする．24時間後のこの物体の総体積は

$$2^{24} = 16777216$$

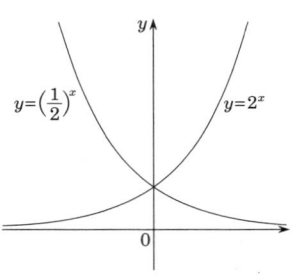

図 1.1

で，約 $1.67 \times 10^7 \mathrm{cm}^3$（約 $17\mathrm{m}^3$）となる．この程度だとまだまだと思うが，4 日後，すなわち 96 時間後には

$$2^{96} = 79228162514264337593543950336$$

すなわち約 $7.92 \times 10^{28} \mathrm{cm}^3$ となる．地球の体積は約 $1.08 \times 10^{27} \mathrm{cm}^3$ だから，この物体は 4 日後には約地球 80 個分の大きさになるのである．

また，この物体がちょうど地球くらいの大きさになるのは約何時間後かという問題に対しては，方程式

$$2^x = 1.08 \times 10^{27}$$

を解けばよい．（章末問題）

指数関数の導関数

$y = a^x$ の導関数を計算する．

$$\begin{aligned}\lim_{h \to 0} \frac{a^{x+h} - a^x}{h} &= \lim_{h \to 0} \frac{a^x a^h - a^x}{h} \\ &= \lim_{h \to 0} a^x \frac{a^h - 1}{h} \\ &= a^x \lim_{h \to 0} \frac{a^{0+h} - a^0}{h}\end{aligned}$$

ここで，$\displaystyle\lim_{h \to 0} \frac{a^{0+h} - a^0}{h}$ は $y = a^x$ の $x = 0$ での微分係数，すなわち接線の傾きである．そこで，この接線の傾きがちょうど 1 となるように定数 a を選ぶ．

この定数を e で表す．e は無理数になり，その値はおよそ

$$e = 2.71828182845914\cdots$$

となることが知られている．なお，

$$e = \lim_{n\to\infty}\left(1+\frac{1}{n}\right)^n$$

となる．

よって，指数関数の底を e にとれば，

$$y = e^x \quad \text{のとき} \quad y' = e^x$$

となる．すなわち，指数関数 $y = e^x$ は微分しても変わらない．

一般の指数関数 $y = a^x$ については対数関数のあとで導関数を計算する．

対数関数

次に指数関数の逆関数を考えよう．

$y = f(x)$ の逆関数は x と y を入れかえればよいから，$x = f(y)$ となる．したがって，$y = e^x$ の逆関数は $x = e^y$ である．しかし，普通は関数は従属変数 y について解いた形で表す．そこでこの式を y について解くことを考えるが，この式はこのままでは y について解くことができない．そこで，新しく記号 log を導入し，この式を $y = \log x$ と書くことにして，この関数を底を e とする自然対数関数という．以下は単に対数関数と呼ぶ．なお，底を 10 にとった対数 $\log_{10} x$ を常用対数という．

すなわち，次が成り立つ．

$$y = \log x \iff x = e^y$$

なお，これは対数の定義から明らかなことだが，次の式が成り立つことに注意しよう．

$$e^{\log x} = x$$

対数関数 $y = \log x$ のグラフは指数関数 $x = e^y$ のグラフを描けばよいから，図 1.2 のようになる．

【例3】 地震の規模を示すマグニチュードという目盛は対数目盛になっている（底は10）．したがって，マグニチュードが1違うと地震の規模は10倍違い，マグニチュード7の地震はマグニチュード3の地震の1万倍の大きさである．

【例4】 人の感覚は対数的に変化するといわれている．これをウェーバー–フェヒナーの法則という．すなわち，感覚量は刺激強度の対数に比例して増減する．

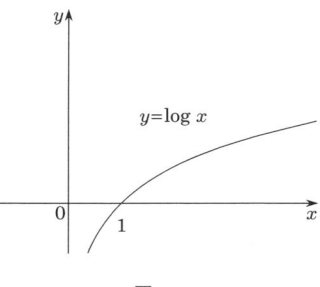

図 1.2

指数関数・対数関数の導関数

$y = \log x$ の導関数を計算する．前に注意したように，この式は $x = e^y$ と同じ意味である．そこでこの式の両辺を x で微分すると，右辺には合成関数の微分法を用いて，
$$1 = (e^y)y'$$
となる．この式を y' について解けば，
$$y' = \frac{1}{e^y}$$
となるが，$e^y = x$ だから，
$$y' = \frac{1}{x}$$
となる．

一般の指数関数 $y = a^x$ の導関数については，
$$a^x = e^{x \log a}$$
を用いて微分すれば，
$$(a^x)' = a^x \log a$$
となる．(節末問題)

節末問題 1.1

1. 方程式 $2^x = 1.08 \times 10^{27}$ を解け。ただし $\log_{10} 2 = 0.3$, $\log_{10} 1.08 = 0$ とする．

2. $a^x = e^{x \log a}$ を証明し，$y = a^x$ の導関数を導け．

3. 次の関数を微分せよ．
(1)　$y = e^{2x}$　　(2)　$y = e^{x^2}$　　(3)　$y = 10^x$

(4)　$y = \log(2x+1)$　(5)　$y = \log\sqrt{x+1}$　(6)　$y = \log\dfrac{1}{x}$

(答)　**1.** 90（90 時間後）
2. $y' = a^x \log a$
3. (1) $2e^{2x}$ (2) $2xe^{x^2}$ (3) $10^x \log 10$ (4) $\dfrac{2}{2x+1}$ (5) $\dfrac{1}{2(x+1)}$
(6) $-\dfrac{1}{x}$

1.2　初等関数とその微分（II）　三角関数と逆三角関数

三角関数

単位円周上を動く動点 $P(a,b)$ を考える．点 P が単位円周にそって点 $(1,0)$ から長さ x だけ動いたときの x 座標，y 座標をそれぞれ，

$$\cos x, \quad \sin x$$

で表し，これらを余弦関数，正弦関数という．また直線 OP の傾き，すなわち x 座標，y 座標の比を正接関数といい，

$$\tan x = \frac{\sin x}{\cos x}$$

と書く．

これら三つの関数をまとめて三角関数という．

単位円周にそって測った弧の長さで表す角をラジアンという．度という角の表し方は長さの表示ではないので，数直線上に目盛ることができない．三角関数のグラフを描くときにはどうしてもラジアンという角の大きさを使う必要がある．ラジアンを使うと，三角関数のグラフは図1.3のようになる．

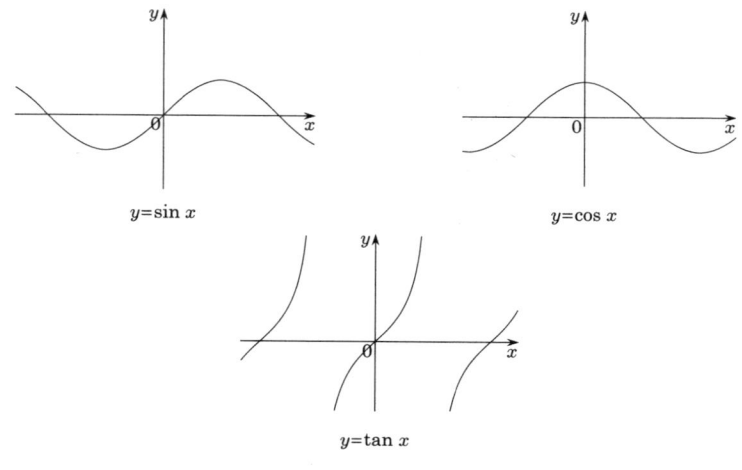

図 **1.3**

【例5】 単位円周上を等速運動している点を真横から眺めると点は上下運動をしているように見える．この運動を単振動という．したがって単振動は $y = a\sin(bx+c)$ で表すことができる．

【例6】 角の大きさをラジアンで測ると，図 1.4 より x が 0 に近いときは $\sin x \fallingdotseq x$ である．

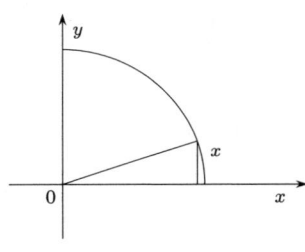

図 1.4

三角関数の導関数

$y = \sin x$ の導関数を計算する．計算を簡単にするため x の増分を $2h$ とすると，

$$\begin{aligned}
y' &= \lim_{2h \to 0} \frac{\sin(x+2h) - \sin x}{2h} \\
&= \lim_{2h \to 0} \frac{\sin((x+h)+h) - \sin((x+h)-h)}{2h} \\
&= \lim_{2h \to 0} \frac{\sin(x+h)\cos h + \cos(x+h)\sin h - \sin(x+h)\cos h + \cos(x+h)\sin h}{2h} \\
&= \lim_{2h \to 0} \frac{2\cos(x+h)\sin h}{2h} \\
&= \lim_{2h \to 0} \frac{\cos(x+h)\sin h}{h}
\end{aligned}$$

ここで，前の例 6 より

$$\lim_{h \to 0} \frac{\sin h}{h} = 1$$

だから，この極限値は

$$y' = \lim_{2h \to 0} \frac{\cos(x+h)\sin h}{h} = \cos x$$

となる．

また $y = \cos x$ の導関数は $\cos x = \sin\left(x + \dfrac{\pi}{2}\right)$ より，

$$y' = \cos\left(x + \frac{\pi}{2}\right) = -\sin x$$

となる．

最後に $y = \tan x$ の導関数は $\tan x = \dfrac{\sin x}{\cos x}$ だから，商の導関数の公式を用いて，

$$\begin{aligned} y' &= \frac{(\sin x)' \cos x - \sin x (\cos x)'}{\cos^2 x} \\ &= \frac{\cos^2 x + \sin^2 x}{\cos^2 x} \\ &= \frac{1}{\cos^2 x} \end{aligned}$$

である．

逆三角関数

初等関数のうち，指数関数，対数関数，三角関数以外の関数である逆三角関数について少し詳しく説明する．

逆正弦関数

関数 $y = \sin x$ の逆関数 $x = \sin y$ を逆正弦関数という．逆関数を考えるには，変数 x と y を入れかえればよいから，そのグラフは図 1.5 のようになる．

ところが，こうすると x の値に対して y の値が 1 つに決まらず，関数が決定できない．そこで y のとる値に制限をつけて，関数が決まるようにする．普通は y の値に

$$-\frac{\pi}{2} \leqq y \leqq \frac{\pi}{2}$$

という制限をつける．このように制限をした関数を

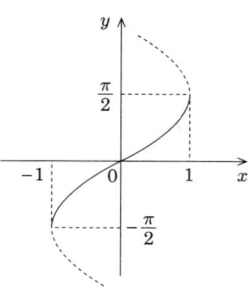

図 1.5　$y = \sin^{-1} x$

$$y = \sin^{-1} x$$

と書き，アークサインと読む．すなわち，次が成り立つ．

$$y = \sin^{-1} x \iff x = \sin y, \quad -\frac{\pi}{2} \leq y \leq \frac{\pi}{2}$$

逆余弦関数

$y = \cos x$ の逆関数 $y = \cos^{-1} x$ も同様に，変数 y に $0 \leq y \leq \pi$ という制限をつけて関数とする．この関数をアークコサインと読む．したがって次が成り立つ．

$$y = \cos^{-1} x \iff x = \cos y, \quad 0 \leq y \leq \pi$$

$y = \cos^{-1} x$ のグラフは図 1.6 の通りである．

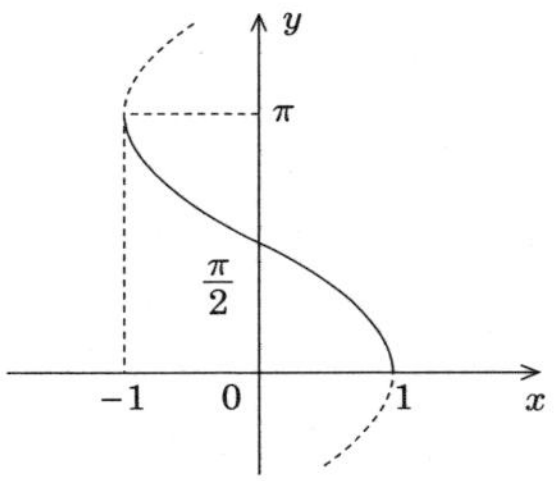

【例題 1】 $\sin^{-1} x + \cos^{-1} x = \dfrac{\pi}{2}$ を証明せよ．

(解) $\sin^{-1} x = \theta$ とおくと，$\sin \theta = x$ である．ここで，

$$\sin \theta = \cos\left(\frac{\pi}{2} - \theta\right)$$

だから，$\cos\left(\dfrac{\pi}{2} - \theta\right) = x$ である．

図 1.6 $y = \cos^{-1} x$

$$-\frac{\pi}{2} \leq \theta \leq \frac{\pi}{2} \quad \text{だから} \quad 0 \leq \frac{\pi}{2} - \theta \leq \pi$$

したがって，

$$\frac{\pi}{2} - \theta = \cos^{-1} x$$

となり，

$$\sin^{-1} x + \cos^{-1} x = \theta + \left(\frac{\pi}{2} - \theta\right) = \frac{\pi}{2}$$

である． □

逆正接関数

同様にして，$y = \tan x$ の逆関数 $y = \tan^{-1} x$ も定義される．今度は変数 y の変域制限は

$$-\frac{\pi}{2} < y < \frac{\pi}{2}$$

とする．すなわち，次が成り立つ．

$$y = \tan^{-1} x \iff x = \tan y, \quad -\frac{\pi}{2} < y < \frac{\pi}{2}$$

$y = \tan^{-1} x$ のグラフは図 1.7 の通りである．

逆三角関数の導関数

$y = \sin^{-1} x$ の導関数

$y = \sin^{-1} x$ は $x = \sin y \ -\dfrac{\pi}{2} \leqq y \leqq \dfrac{\pi}{2}$ と同じである．

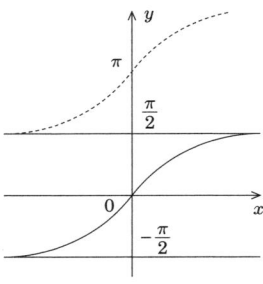

図 1.7 $y = \tan^{-1} x$

この式の両辺を x で微分して（右辺は合成関数の微分を用いる）

$$1 = (\cos y) y'$$

すなわち，

$$y' = \frac{1}{\cos y}$$

である．

ここで，y の変域に注意すると，$\cos y \geqq 0$ だから，

$$\cos y = \sqrt{1 - \sin^2 y} = \sqrt{1 - x^2}$$

となる．

したがって導関数は次のようになる．

$$(\sin^{-1} x)' = \frac{1}{\sqrt{1 - x^2}}$$

同様にして，

$$(\cos^{-1} x)' = -\frac{1}{\sqrt{1 - x^2}}, \quad (\tan^{-1} x)' = \frac{1}{1 + x^2}$$

となる．(節末問題)

節末問題 1.2

1. 次の値を求めよ．
(1) $\sin^{-1} 0$　(2) $\sin^{-1}\left(\dfrac{1}{\sqrt{2}}\right)$　(3) $\cos^{-1}\left(-\dfrac{1}{2}\right)$

2. $x > 0$ のとき $\tan^{-1} x + \tan^{-1} \dfrac{1}{x} = \dfrac{\pi}{2}$ を証明せよ．

3. $\cos^{-1} x$, $\tan^{-1} x$ の導関数を求めよ．

4. 次の関数を微分せよ．
(1) $y = \sin 2x$　(2) $y = \sin^2 x$　(3) $y = \cos \sqrt{x}$

(答) **1.** (1) 0　(2) $\pi/4$　(3) $2\pi/3$
2. 略
3. $(\cos^{-1} x)' = -1/\sqrt{1-x^2}$, $(\tan^{-1} x)' = 1/(1+x^2)$
4. (1) $2\cos 2x$　(2) $2\sin x \cos x$　(3) $-\sin\sqrt{x}/2\sqrt{x}$

1.3 関数の微分と導関数の計算

関数 $y = f(x)$ の $x = a$ での微分係数は次の式で定義された.

$$f'(a) = \lim_{h \to 0} \frac{f(a+h) - f(a)}{h}$$

$f'(a)$ と $\dfrac{f(a+h) - f(a)}{h}$ との違いを ε と書くことにする.
すなわち,

$$\frac{f(a+h) - f(a)}{h} = f'(a) + \varepsilon$$

とする.ここで ε は $h \to 0$ のとき $\varepsilon \to 0$ という性質をもっている.すなわち, x の増分 h を小さくすると, ε はいくらでも小さくなる.

この式の分母を払うと,

$$f(a+h) - f(a) = f'(a)h + \varepsilon h$$

となるが,これは $f(x)$ の増分 $f(a+h) - f(a)$ が x の増分 h についての正比例関数の部分 $f'(a)h$ と誤差の部分からできていることを示している ($f'(a)$ は定数であることに注意).この正比例関数 $f'(a)h$ を関数 y の $x = a$ での微分といい dy (あるいは df) で表す.独立変数 x については x の増分 h そのものを x の微分といい dx で表す.したがって y の $x = a$ での微分は次のようになる.

$$dy = f'(a)dx$$

関数 $y = f(x)$ の微分とは点 $(a, f(a))$ を原点とした正比例関数で,新しい変数をそれぞれ dx, dy と書いたものである.これは接線の式を表していると見なせる.

すなわち，微分 $dy = f'(a)dx$ に対して，接線の方程式はこれを元の座標系に戻して，

$$y - f(a) = f'(a)(x - a)$$

となる．

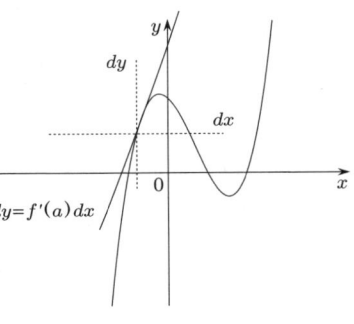

図 1.8

【例題2】 次の関数の与えられた点での微分を求めよ．また，その点での接線の方程式を書け．$f(x) = \dfrac{1}{1+x}$　$(0, 1)$

（解）　$f'(x) = -(1+x)^{-2}$ より，$f'(0) = -1$．よって，$(0, 1)$ での微分は

$$dy = -dx$$

また，接線の方程式は $y - 1 = -x$ より，

$$y = -x + 1$$

である．　　　　　　　　　　　　　　　　　　　　　　　□

このように微分は常にある点 a での微分が本来の意味であるが，微分という変数は新しい記号 dx, dy を用いているので，これを

$$dy = f'(x)dx$$

と書いても x, y と dx, dy を間違えることはない．そこでこの式を一般に関数 $y = f(x)$ の微分という．

【例題3】 次の関数の微分を求めよ．
(1)　$y = x^3 - 3x + 1$　　　　(2)　$y = e^{2x+3}$

（解）　(1)　$dy = (3x^2 - 3)dx$　　(2)　$dy = 2e^{2x+3}dx$　　□

微分の基本規則（1）

導関数の計算規則について，ここでは微分という視点で考えてみよう．

> **定理 1**
> (1) $(f(x)+g(x))' = f'(x)+g'(x)$ $(kf(x))' = kf'(x)$
>
> (2) $(f(x)g(x))' = f'(x)g(x)+f(x)g'(x)$
>
> (3) $\left(\dfrac{f(x)}{g(x)}\right)' = \dfrac{f'(x)g(x)-f(x)g'(x)}{g^2(x)}$

この定理を微分を使って考える．例として (2) を取り上げる．

$F(x) = f(x)g(x)$ とし，$F(x)$ の変化の様子を考える．

x が dx だけ変化したとき，f, g, F がそれぞれ df, dg, dF だけ変化するとすると，

$$dF = (f+df)(g+dg) - fg$$
$$= fg + (df)g + f(dg) + dfdg - fg$$
$$= (df)g + f(dg) + dfdg$$

であるが，$df = f'dx$, $dg = g'dx$ を代入すると，

$$dF = f'gdx + fg'dx + f'g'(dx)^2$$

となり，$(dx)^2$ は dx に比べると非常に小さいから，これを無視して，

$$dF = (f'g + fg')dx$$

が成り立つ．

ここで，$dF = F'dx$ だから，2つの式を比べて，

$$F' = f'g + fg'$$

が成り立つことがわかる（図 1.9）．

合成関数の導関数

$y = f(t), t = g(x)$ のとき，y は t を仲立ちとして x の関数 $y = f(g(x))$ となる．この関数を合成関数という．

合成関数 $y = f(g(x))$ の微分について次が成り立つ．

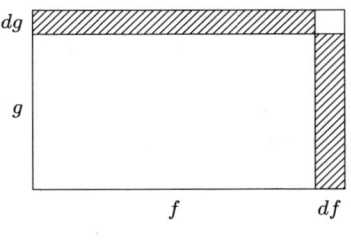

図 1.9

定理 2　$y = f(g(x))$ のとき，
$$dy = f'(g(x))g'(x)dx$$

これも微分という考えを使って説明しよう．

$t = g(x)$ とおくと，
$$y = f(t), \quad t = g(x)$$
である．これらの式の微分をとると，
$$dy = f'(t)dt, \quad dt = g'(x)dx$$
である．

2 番目の式を 1 番目の式に代入すれば，
$$dy = f'(t)g'(x)dx = f'(g(x))g'(x)dx$$
である．

この式は形式的に
$$\frac{dy}{dx} = \frac{dy}{dt}\frac{dt}{dx}$$
と書くこともある．これは関数の合成がある意味で本質的な関数の積であることを示しているともいえる（いわゆる関数の積は関数の値の積であって，関数の積ではない）．

対数微分法

関数 $y = f(x)$ の導関数を計算するとき，両辺の対数をとり $\log y = \log f(x)$ として導関数を計算すると簡単になることがある．これを対数微分法という．

【例題 4】 $y = x^{2x+1}$ の導関数を求めよ．

(解) 両辺の対数をとると，

$$\log y = \log x^{2x+1}$$
$$= (2x+1)\log x$$

両辺を x で微分して（左辺には合成関数の微分法を使う）

$$\frac{y'}{y} = 2\log x + \frac{2x+1}{x}$$

よって，

$$y' = y\left(2\log x + \frac{2x+1}{x}\right)$$
$$= x^{2x+1}\left(2\log x + \frac{2x+1}{x}\right) \qquad \square$$

【例題 5】 対数微分法を使って $y = \dfrac{f(x)}{g(x)}$ のとき $y' = \dfrac{f'(x)g(x) - f(x)g'(x)}{g^2(x)}$ となることを証明せよ．

証明 両辺の対数をとると，

$$\log y = \log \frac{f(x)}{g(x)}$$
$$= \log f(x) - \log g(x)$$

両辺を x で微分して（右辺には合成関数の微分法を使う）

$$\frac{y'}{y} = \frac{f'}{f} - \frac{g'}{g}$$

よって，

$$y' = y\left(\frac{f'}{f} - \frac{g'}{g}\right)$$

$$= \frac{f}{g}\left(\frac{f'}{f} - \frac{g'}{g}\right)$$

$$= \frac{f}{g}\left(\frac{f'g - fg'}{fg}\right)$$

$$= \frac{f'g - fg'}{g^2} \qquad \square$$

微分の基本規則 (2)

初等関数の導関数についてはすでに述べてきたが，ここでまとめておこう．

定理 3 初等関数の導関数は次の通りである．

関数	導関数	関数	導関数
x^α	$\alpha x^{\alpha-1}$	e^x	e^x
a^x	$(\log a)a^x$	$\log x$	$\dfrac{1}{x}$
$\log_a x$	$\dfrac{1}{x\log a}$	$\sin x$	$\cos x$
$\cos x$	$-\sin x$	$\tan x$	$\dfrac{1}{\cos^2 x}$
$\sin^{-1} x$	$\dfrac{1}{\sqrt{1-x^2}}$	$\cos^{-1} x$	$-\dfrac{1}{\sqrt{1-x^2}}$
$\tan^{-1} x$	$\dfrac{1}{1+x^2}$		

【例題 6】 $(x^\alpha)' = \alpha x^{\alpha-1}$ を証明せよ．

(解) 対数微分法を用いる．$y = x^\alpha$ の対数をとると，

$$\log y = \log x^\alpha = \alpha \log x$$

両辺を微分して，

$$\frac{y'}{y} = \frac{\alpha}{x}$$

したがって，

$$y' = \frac{\alpha y}{x}$$
$$= \alpha x^{\alpha} x^{-1}$$
$$= \alpha x^{\alpha-1} \qquad \square$$

【例題 7】 関数 $y = \tan^{-1} \dfrac{1}{x}$ $(x>0)$ の導関数を求めよ．

(解) $\dfrac{1}{x} = t$ とおいて，合成関数の導関数の公式を用いると，

$$y' = (\tan^{-1} t)' \left(\frac{1}{x}\right)'$$
$$= \frac{1}{1+t^2} \frac{-1}{x^2}$$
$$= \frac{x^2}{x^2+1} \frac{-1}{x^2}$$
$$= -\frac{1}{x^2+1} \qquad \square$$

(注意)　$\tan^{-1} x + \tan^{-1} \dfrac{1}{x} = \dfrac{\pi}{2}$ $(x>0)$ である．(前節末問題参照)

節末問題 1.3

1. 次の関数の与えられた点での微分を求めよ．また，その点での接線の方程式を書け．

(1) $y = x^3 + x + 1$ $(1, 3)$ (2) $y = \dfrac{1}{1+x^2}$ $(0, 1)$

(3) $y = \sin x$ $\left(\dfrac{\pi}{3}, \dfrac{\sqrt{3}}{2}\right)$

2. 次の関数の微分を求めよ．

(1) $y = \dfrac{1}{x}$ (2) $y = \sin x^2$ (3) $y = \tan^{-1}\sqrt{x}$

3. 次の関数の導関数を求めよ．

(1) $y = x^x$ (2) $y = x^{\frac{1}{x}}$ (3) $y = (x+1)(x+2)(x+3)$

(4) $y = \log(x + \sqrt{x^2+1})$ (5) $y = a^{\log x}$ (6) $y = \sqrt{\dfrac{1-x}{1+x}}$

(答) **1.** (1) $dy = 4\,dx$, $y = 4x - 1$ (2) $dy = 0$, $y = 1$

(3) $dy = \dfrac{1}{2}dx$, $y = (1/2)x - \pi/6 + \sqrt{3}/2$

2. (1) $dy = (-1/x^2)dx$ (2) $dy = 2x\cos x^2 \, dx$

(3) $dy = (1/2\sqrt{x}(1+x))dx$

3. (1) $x^x(\log x + 1)$ (2) $x^{1/x-2}(1 - \log x)$ (3) $3x^2 + 12x + 11$

(4) $1/\sqrt{x^2+1}$ (5) $(a^{\log x}\log a)/x$ (6) $-1/((1+x)\sqrt{1-x^2})$

1.4 初等関数のテーラー展開

多項式関数

$$y = f(x) = a_n x^n + a_{n-1} x^{n-1} + \cdots + a_1 x + a_0$$

を $x = a$ を仮想の y 軸と見なし，$f(x)$ を $(x-a)^r$ の関数として表すことを考える．そこで

$$y = f(x) = b_n(x-a)^n + b_{n-1}(x-a)^{n-1} + \cdots + b_1(x-a) + b_0$$

として，係数 $b_n, b_{n-1}, \cdots, b_1, b_0$ を求めてみよう．

まず，x に a を代入して，

$$b_0 = f(a)$$

である．

次に両辺を x で微分して，

$$y' = f'(x) = n b_n (x-a)^{n-1} + (n-1) b_{n-1} (x-a)^{n-2} + \cdots + 2 b_2 x + b_1$$

この式に $x = a$ を代入して，

$$b_1 = f'(a)$$

である．同様にして，両辺を r 回微分して $x = a$ を代入すると，

$$b_r = \frac{1}{r!} f^{(r)}(a)$$

となる（$f^{(r)}(x)$ は $f(x)$ の r 回目の導関数を表す）．したがって，

$$y = f(x) = f(a) + f'(a)(x-a) + \frac{1}{2!} f''(a)(x-a)^2 + \cdots + \frac{1}{n!} f^{(n)}(a)(x-a)^n$$

である．ここでは後のため多項式を昇べきの順で表した．

この式を $y = f(x)$ の $x = a$ での展開という．

1.4 初等関数のテーラー展開

多項式でない関数 $y = f(x)$ についても $x = a$ での展開を考えることができる．ただし，今度は多項式でないので，展開は無限級数の形になる．

【例題 8】 指数関数 $f(x) = e^x$ の $x = 1$ での展開を求めよ．

(解)

$$e^x = f(x) = a_0 + a_1(x-1) + a_2(x-1)^2 + \cdots + a_n(x-1)^n + \cdots$$

とおく．

$x = 1$ を代入して，$a_0 = e^1 = e$ である．

次に，この式を r 回微分して $x = 1$ を代入すれば，

$$a_r = \frac{1}{r!}e$$

となる．

したがって，指数関数 $y = e^x$ を $x = 1$ で展開すると

$$e^x = e + e(x-1) + \frac{e}{2!}(x-1)^2 + \frac{e}{3!}(x-1)^3 + \cdots + \frac{e}{n!}(x-1)^n + \cdots$$

となる． □

一般に次の定理が成り立つ．

定理 4 $y = f(x)$ を何回でも微分できる関数とする．このとき，

$$f(x) = f(a) + f'(a)(x-a) + \frac{f''(a)}{2!}(x-a)^2 + \frac{f'''(a)}{3!}(x-a)^3 + \cdots$$
$$+ \frac{f^{(n)}(a)}{n!}(x-a)^n + R(x-a)^{n+1}$$

が成り立つ．ただし，$R(x-a)^{n+1}$ は右辺の多項式と $f(x)$ の誤差である．

これを $y = f(x)$ の $x = a$ での展開という．

誤差の項 R は $\dfrac{f^{(n+1)}(c)}{(n+1)!}$，$a < c < x$ となることが知られている．

（証明は章末の補足参照）

特に $n = 0$ のときを平均値の定理といい，次の形になる．

$$f(x) = f(a) + f'(c)(x-a) \quad (a < c < x)$$

この式はまた，$x=b$ とおくと次の形でも表せる．これも平均値の定理という．

$$\frac{f(b)-f(a)}{b-a}=f'(c) \quad (a<c<b)$$

これは，次のように平均変化率 $\dfrac{f(b)-f(a)}{b-a}$ に等しい傾きをもつ接線が少なくとも1つあることを示している．

ここで，$n\to\infty$ のとき $R(x-a)^{n+1}\to 0$ となるとき，この式を指数関数のときのように無限級数の形で表して，$f(x)$ のテーラー展開（テーラー級数）という．特に $a=0$ での展開をマクローリン展開という．

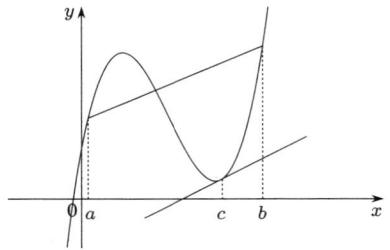

図 1.10

定理5（テーラー展開）

(1) $f(x)=f(a)+f'(a)(x-a)+\dfrac{f''(a)}{2!}(x-a)^2+\dfrac{f'''(a)}{3!}(x-a)^3$
$\qquad+\dfrac{f^{(4)}(a)}{4!}(x-a)^4+\cdots$

(2) $f(x)=f(0)+f'(0)x+\dfrac{f''(0)}{2!}x^2+\dfrac{f'''(0)}{3!}x^3+\dfrac{f^{(4)}(0)}{4!}x^4+\cdots$

指数関数，三角関数はテーラー展開可能である．また，対数関数は $-1<x\leq 1$ の範囲でテーラー展開可能である．

【例7】 指数関数のマクローリン展開

$$e^x=1+x+\frac{1}{2!}x^2+\frac{1}{3!}x^3+\frac{1}{4!}x^4+\cdots$$

(注意) この式から

$$e=1+1+\frac{1}{2!}+\frac{1}{3!}+\frac{1}{4!}+\cdots$$

となることがわかる．

1.4 初等関数のテーラー展開

【例 8】 三角関数のマクローリン展開

$y = f(x) = \sin x$ をマクローリン展開する.

$y = \sin x$, $y' = \cos x$, $y'' = -\sin x$, $y''' = -\cos x$, $y'''' = \sin x$ だから $\sin x$ の導関数は 4 周期でくりかえすことがわかる. $x = 0$ を代入すると,

$$f(0) = f^{(4)}(0) = f^{(8)}(0) = \cdots = 0$$
$$f'(0) = f^{(5)}(0) = f^{(9)}(0) = \cdots = 1$$
$$f''(0) = f^{(6)}(0) = f^{(10)}(0) = \cdots = 0$$
$$f'''(0) = f^{(7)}(0) = f^{(11)}(0) = \cdots = -1$$

となるから, 次の展開式を得る.

$$\sin x = x - \frac{1}{3!}x^3 + \frac{1}{5!}x^5 - \frac{1}{7!}x^7 + \cdots$$

【例 9】 対数関数のマクローリン展開

対数関数 $y = f(x) = \log x$ のままでは x に 0 を代入することができないので, 普通は $y = \log(x+1)$ を展開する.

$$y' = \frac{1}{x+1} = (x+1)^{-1}$$

より,

$$f^{(n)}(x) = (-1)^{n-1}(n-1)!(x+1)^{-n}$$

である. $x = 0$ を代入して,

$$f(0) = 0, \qquad f^{(n)}(0) = (-1)^{n-1}(n-1)!$$

となるから, 次の展開式を得る.

$$\log(x+1) = x - \frac{1}{2}x^2 + \frac{1}{3}x^3 - \frac{1}{4}x^4 + \cdots$$

ただし, 誤差の関係で $-1 < x \leq 1$ とする.

$y = \cos x$ については次の展開式が成立する.（章末問題）

$$\cos x = 1 - \frac{1}{2!}x^2 + \frac{1}{4!}x^4 - \frac{1}{6!}x^6 + \cdots$$

オイラーの公式

複素数を使うと大変に重要な公式を導くことができる．いま，i を $i^2 = -1$ となる数として指数関数の展開式

$$e^x = 1 + x + \frac{1}{2!}x^2 + \frac{1}{3!}x^3 + \frac{1}{4!}x^4 + \cdots$$

に $x = i\theta$ を代入する．

$$i^0 = 1, \quad i^1 = i, \quad i^2 = -1, \quad i^3 = -i, \quad i^4 = 1, \cdots$$

に注意して，

$$\begin{aligned}
e^{i\theta} &= 1 + i\theta + \frac{1}{2!}(i\theta)^2 + \frac{1}{3!}(i\theta)^3 + \frac{1}{4!}(i\theta)^4 + \cdots \\
&= \left(1 - \frac{1}{2!}\theta^2 + \frac{1}{4!}\theta^4 - \frac{1}{6!}\theta^6 + \cdots\right) + i\left(\theta - \frac{1}{3!}\theta^3 + \frac{1}{5!}\theta^5 - \frac{1}{7!}\theta^7 + \cdots\right) \\
&= \cos\theta + i\sin\theta
\end{aligned}$$

よって，次の公式を得る．これをオイラーの公式という．

オイラーの公式

$$e^{i\theta} = \cos\theta + i\sin\theta$$

この式は複素数の範囲まで数を広げると，三角関数と指数関数は同じ関数であることを示している．

【例10】 $e^{i\theta} = \cos\theta + i\sin\theta$ の θ に $-\theta$ を代入して，

$$\begin{aligned}
e^{-i\theta} &= \cos(-\theta) + i\sin(-\theta) \\
&= \cos\theta - i\sin\theta
\end{aligned}$$

オイラーの公式の両辺に加えて次の式を得る．

$$\cos\theta = \frac{e^{i\theta} + e^{-i\theta}}{2}$$

同様に

$$\sin\theta = \frac{e^{i\theta} - e^{-i\theta}}{2i}$$

である．

節末問題 1.4

1. 次のマクローリン展開式を証明せよ．
$$\cos x = 1 - \frac{1}{2!}x^2 + \frac{1}{4!}x^4 - \frac{1}{6!}x^6 + \cdots$$

2. $y = \log x$ を $x = 1$ で 5 次の項までテーラー展開せよ．剰余項は考えなくてよい．

3. $\sin(\alpha + \beta) = \sin\alpha\cos\beta + \cos\alpha\sin\beta$ をオイラーの公式を用いて証明せよ．

4. $(1+x)^\alpha = 1 + \alpha x + \dfrac{\alpha(\alpha-1)}{2!}x^2 + \dfrac{\alpha(\alpha-1)(\alpha-2)}{3!}x^3 + \cdots\cdots$
となることを証明せよ．($|x| < 1$)（これを 2 項展開という）

(答) **1.** 略
2. $\log(1+h) = h - 1/2h^2 + 1/3h^3 - 1/4h^4 + 1/5h^5 - \cdots$
3. 略 **4.** 略

1.5　テーラー展開の応用（I）　関数の極大極小

テーラー展開の応用として，関数の極値問題を考える．

定義　関数 $y = f(x)$ のグラフが図 1.11 のようになっているとき，それぞれ極大，極小という．

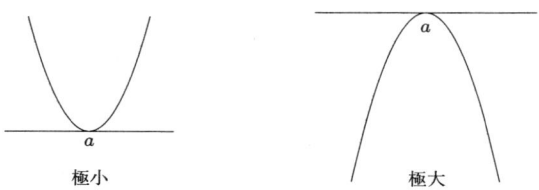

図 1.11

　明らかに関数 $y = f(x)$ が極値をとる点 $(a, f(a))$ では接線は x 軸に平行になっている．ところで，関数の微分 $dy = f'(a)dx$ が接線の理論的な式を与えていたから次の定理が成り立つ．

定理 6　$y = f(x)$ が $(a, f(a))$ で極値をとるならば $x = a$ での微分 $dy = 0$ である．

ところが，$dy = 0$ となる点 $x = a$ でも必ずしも $y = f(x)$ が極値をとるとは限らない．

【例11】　3次関数 $y = x^3$ の微分は $dy = 3x^2 dx$ だから，$x = 0$ で $dy = 0$ となる．しかし原点で極値をとらない．

このため $dy=0$ となる点 a, すなわち方程式 $f'(x)=0$ の解 a で極値となるかどうかを判定する必要がある．

高等学校ではこの判定は増減表を用いて行うのが普通だったが，ここではテーラー展開を用いる判定方法を紹介する．

関数 $y=f(x)$ が $x=a$ で $dy=0$ すなわち, $f'(a)=0$ とする．

$x=a$ で $y=f(x)$ をテーラー展開すると, $f'(a)=0$ より, x の 1 次の項は消えて,

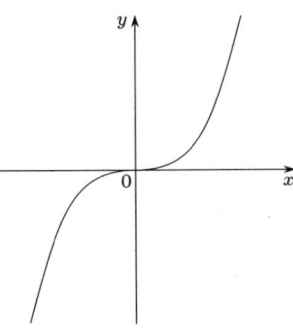

図 1.12 $y=x^3$

$$f(x)=f(a)+\frac{1}{2!}f''(a)(x-a)^2+\frac{1}{3!}f'''(a)(x-a)^3+\cdots$$

となる．ここで 3 次以上の項を無視し, $f(a)$ を移項すると,

$$f(x)-f(a)=\frac{1}{2!}f''(a)(x-a)^2$$

となるが, y の変化量 $f(x)-f(a)$ と x の変化量 $x-a$ をそれぞれ, Y,X とすれば，この式は 2 次関数

$$Y=\frac{1}{2!}f''(a)X^2$$

となる．

この 2 次関数が点 $(a,f(a))$ の近くでの関数 $y=f(x)$ のグラフの概形を与えている．

まとめて次の定理を得る．

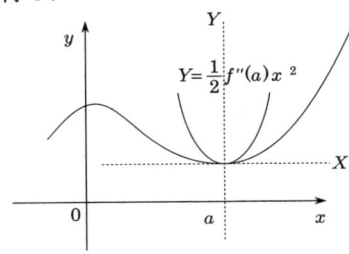

図 1.13

> **定理7** $y = f(x)$ で $f'(a) = 0$ とする．このとき，
> (1) $f''(a) > 0$ なら $x = a$ で極小
> (2) $f''(a) < 0$ なら $x = a$ で極大

【例題9】 $y = x^x$ の極値を求めよ．

(**解**) 対数微分で，$\log y = x \log x$ の両辺の微分をとると，

$$\frac{dy}{y} = (\log x + 1) dx$$

よって，

$$dy = y(\log x + 1) dx$$
$$= x^x (\log x + 1) dx$$

$dy = 0$ より，$\log x + 1 = 0$，よって，$x = e^{-1}$ である．
ここで，y'' を計算すると，

$$y'' = (y(\log x + 1))'$$
$$= y'(\log x + 1) + y \frac{1}{x}$$

したがって，$x = e^{-1}$ を代入して，

$$f''(e^{-1}) = \left(\frac{1}{e}\right)^{\frac{1}{e}} e > 0$$

よって，$y = x^x$ は $x = e^{-1}$ で極小値 $\left(\frac{1}{e}\right)^{\frac{1}{e}}$ をとる． □

節末問題 1.5

1. 次の関数の極値を求めよ．
(1) $y = 3x^4 - 8x^3 + 6x^2$
(2) $y = \dfrac{1}{x} - \dfrac{1}{x-1}$
(3) $y = x^{\frac{1}{x}}$

2. 次の関数の極値を求めよ．
(1) $y = xe^{-x}$
(2) $y = x \log x$
(3) $y = \sin x (1 + \cos x) \quad (0 \leq x \leq 2\pi)$

3. 周囲の長さが 4 で対角線が最も短い長方形を求めよ．

(答) **1.** (1) $x = 0$ で極小値 0　(2) $x = 1/2$ で極小値 4　(3) $x = e$ で極大値 $e^{1/e}$
2. (1) $x = 1$ で極大値 $1/e$　(2) $x = 1/e$ で極小値 $-1/e$　(3) $x = \pi/3$ で極大値 $3\sqrt{3}/4$, $x = 5\pi/3$ で最小値 $-3\sqrt{3}/4$
3. 正方形

1.6 テーラー展開の応用 (II) ロピタルの定理ほか

テーラー展開のもう1つの応用に不定形の極限値がある.

次の不定形を考えよう.
$$\lim_{x \to a} \frac{f(x)}{g(x)}$$
で, $f(a) = g(a) = 0$ とする.

これはこのままでは $\frac{0}{0}$ の不定形となる.

そこで関数 $f(x), g(x)$ を $x = a$ で2次の項までテーラー展開すると,

$$f(x) = f(a) + f'(a)(x-a) + \frac{1}{2!}f''(a)(x-a)^2 + R(x-a)^3$$

$$g(x) = g(a) + g'(a)(x-a) + \frac{1}{2!}g''(a)(x-a)^2 + K(x-a)^3$$

となるが, $f(a) = g(a) = 0$ だから,

$$f(x) = f'(a)(x-a) + \frac{1}{2!}f''(a)(x-a)^2 + R(x-a)^3$$

$$g(x) = g'(a)(x-a) + \frac{1}{2!}g''(a)(x-a)^2 + K(x-a)^3$$

となる.

よって,

$$\lim_{x \to a} \frac{f(x)}{g(x)} = \lim_{x \to a} \frac{f'(a)(x-a) + \frac{1}{2!}f''(a)(x-a)^2 + R(x-a)^3}{g'(a)(x-a) + \frac{1}{2!}g''(a)(x-a)^2 + K(x-a)^3}$$

$$= \lim_{x \to a} \frac{f'(a) + \frac{1}{2!}f''(a)(x-a) + R(x-a)^2}{g'(a) + \frac{1}{2!}g''(a)(x-a) + K(x-a)^2}$$

$$= \frac{f'(a)}{g'(a)}$$

これは次のロピタルの定理にほかならない. このように不定形の極限値は分

子，分母をテーラー展開することで求まることが多い．

> **定理 8（ロピタルの定理）**
> $f(x)$, $g(x)$ は a の近くで微分可能で $g'(x) \neq 0$ とする．$f(a) = g(a) = 0$ で $\lim_{x \to a} \dfrac{f'(x)}{g'(x)}$ が存在するならば
> $$\lim_{x \to a} \frac{f(x)}{g(x)} = \lim_{x \to a} \frac{f'(x)}{g'(x)}$$

【例題 10】 $\lim_{x \to 0} \dfrac{1 - \cos x}{x^2}$ を求めよ．

(**解 1**) $1 - \cos x = 1 - \left(1 - \dfrac{1}{2!}x^2 + \dfrac{1}{4!}x^4 - \cdots\right)$
だから

$$\begin{aligned}
\lim_{x \to 0} \frac{1 - \cos x}{x^2} &= \lim_{x \to 0} \frac{1}{x^2}\left(\frac{1}{2!}x^2 - \frac{1}{4!}x^4 + \cdots\right) \\
&= \lim_{x \to 0} \left(\frac{1}{2!} - \frac{1}{4!}x^2 + \cdots\right) \\
&= \frac{1}{2}
\end{aligned}$$

(**解 2**) 定理 8 より

$$\lim_{x \to 0} \frac{1 - \cos x}{x^2} = \lim_{x \to 0} \frac{\sin x}{2x} = \frac{1}{2} \lim_{x \to 0} \frac{\sin x}{x} = \frac{1}{2}$$

節末問題 1.6

1. 次の極限値を求めよ．

(1) $\displaystyle\lim_{x\to 0}\frac{\sin x}{x}$

(2) $\displaystyle\lim_{x\to 0}\frac{\log(1+x)}{x}$

(3) $\displaystyle\lim_{x\to 0}\frac{x-\sin x}{x^3}$

2. 次の極限値を求めよ．

(1) $\displaystyle\lim_{x\to 0}\frac{x-\sin^{-1} x}{x^3}$

(2) $\displaystyle\lim_{x\to 0}\frac{a^x-b^x}{x}$

(3) $\displaystyle\lim_{x\to 0}\frac{\sin x + x\cos x}{x}$

(答) **1.** (1) 1 　(2) 1 　(3) 1/6
2. (1) $-1/6$ 　(2) $\log(a/b)$ 　(3) 2

テーラー展開についての補足

テーラー展開について補足する.

> **補助定理（ロルの定理）**
> 微分可能な関数 $y = f(x)$ が $f(a) = f(b) = 0$ を満たすとき,
> $$f'(c) = 0, \quad a < c < b$$
> となる c が少なくとも 1 つ存在する.

証明 $[a,b]$ での $f(x)$ の最大値が正のとき, その最大値を $f(c)$ とする（最大値が 0 のときは, 最小値が負ならその最小値を $f(c)$ とする. 最大値, 最小値がともに 0 なら定理は自明である）. $f'(c)$ を計算する. いま, $h > 0$ として $h \to 0$ とする.
$$f'(c) = \lim_{h \to 0} \frac{f(c+h) - f(c)}{h}$$
である.

ここで, $f(c)$ が最大値だから分子は $f(c+h) - f(c) \leq 0$, 分母 h は正. したがって,
$$f'(c) \leq 0$$
である.

一方, $h < 0, h \to 0$ とすると, 分子は $f(c+h) - f(c) \leq 0$, 分母 h は負. したがって
$$f'(c) \geq 0$$

よって, $f'(c) = 0$ である. ∎

> **定理（テーラーの定理）** $y = f(x)$ は何回でも微分できる関数とする. このとき,
> $$f(b) = f(a) + f'(a)(b-a) + \frac{1}{2!}f''(a)(b-a)^2 + \frac{1}{3!}f'''(a)(b-a)^3 + \cdots$$

$$\cdots + \frac{1}{n!}f^{(n)}(a)(b-a)^n + \frac{1}{(n+1)!}f^{(n+1)}(c)(b-a)^{n+1}$$

を満たす $c\ (a < c < b)$ が少なくとも 1 つ存在する.

証明 関数 $F(x)$ を

$$F(x) = f(b) - \bigg(f(x) + f'(x)(b-x) + \frac{1}{2!}f''(x)(b-x)^2 + \frac{1}{3!}f'''(x)(b-x)^3$$
$$+ \cdots + \frac{1}{n!}f^{(n)}(x)(b-x)^n + \frac{1}{(n+1)!}k(b-x)^{n+1} \bigg)$$

とする.ただし,k は定数である.

決め方から $F(b) = 0$ である.ここで,定数 k を $F(a) = 0$ となるように選ぶ.(このように選ぶことが可能であることを確かめよ)

$F(x)$ は微分可能だから,ロルの定理によって,$F'(c) = 0$ となる定数 $c\ (a < c < b)$ が少なくとも 1 つは存在する.

$F'(x)$ を計算しよう.

$$F'(x) = -\bigg(f'(x) - f'(x) + f''(x)(b-x) - f''(x)(b-x)$$
$$+ \frac{1}{2!}f'''(x)(b-x)^2 + \cdots\cdots + \frac{1}{n!}f^{(n+1)}(x)(b-x)^n - \frac{1}{n!}k(b-x)^n \bigg)$$

すなわち,
$$F'(x) = \frac{1}{n!}(b-x)^n(f^{(n+1)}(x) - k)$$

よって,$F'(c) = 0$ より,
$$k = f^{(n+1)}(c)$$

を得る.

k は $F(a) = 0$ を満たす定数だったから,これを代入して求める式を得る. ∎

この式の b に x を代入すれば,本文で説明したテーラーの定理を得る.さらに $a = 0$ として,マクローリン展開の式を得る.

章末問題 1

1. 次の関数を微分せよ．

(1) $y = \dfrac{1+x}{1-x}$ (2) $y = \log \dfrac{x^2-1}{x^2+1}$

(3) $y = \sin^{-1}\sqrt{1-x^2}$ $(0 < x < 1)$ (4) $y = \dfrac{e^x - e^{-x}}{e^x + e^{-x}}$

(5) $y = x\sin^{-1}x + \sqrt{1-x^2}$ (6) $y = x\tan^{-1}x - \log\sqrt{1+x^2}$

2. 次の関数をマクローリン展開せよ．

(1) $y = \dfrac{1}{(1+x)^2}$ (2) $y = \log(1+x^2)$ (x^4 の項まで)

(3) $y = \tan x$ (x^5 の項まで)

3. 次の関数の極値を求めよ．

(1) $y = x^2 e^{-x}$ (2) $y = \dfrac{x}{\log x}$ (3) $y = \dfrac{1}{x^4} + \dfrac{1}{(1-x)^4}$

(4) $y = 2\sin x + \cos 2x$ $(0 \leqq x \leqq 2\pi)$

4. 次の極限値を求めよ．

(1) $\displaystyle\lim_{x \to 0} \dfrac{\tan^{-1}x}{x}$ (2) $\displaystyle\lim_{x \to 0} \dfrac{e^x - \cos x}{\sin x}$ (3) $\displaystyle\lim_{x \to 0} \dfrac{\tan x - \sin x}{x^3}$

(答) **1.** (1) $2/(1-x)^2$ (2) $4x/(x^4-1)$ (3) $-1/\sqrt{1-x^2}$
(4) $4/(e^x + e^{-x})^2$ (5) $\sin^{-1}x$ (6) $\tan^{-1}x$
2. (1) $1 - 2x + 3x^2 - 4x^3 + 5x^4 - \cdots$ (2) $x^2 - 1/2x^4 + 1/3x^6 - \cdots$
(3) $x + 1/3x^3 + 2/15x^5 + \cdots$
3. (1) $x = 0$ で極小値 0, $x = 2$ で極大値 $4e^{-2}$ (2) $x = e$ で極小値 e
(3) $x = 1/2$ で極小値 32 (4) $x = \pi/6, 5\pi/6$ で極大値 $3/2$, $x = \pi/2$ で極小値 1, $x = 3\pi/2$ で極小値 -3
4. (1) 1 (2) 1 (3) $1/2$

2

積　　　　　分

2.1　定積分と不定積分

閉区間 $[a, b]$ で定義された関数を $f(x)$ とする．この区間 $[a, b]$ のなかに
$$\Delta: \quad a = x_0 < x_1 < x_2 < ... < x_n = b$$
を満たす $n + 1$ 個の実数 $x_0, x_1, ..., x_n$ を決めて，$[a, b]$ を n 個の区間 $[x_0, x_1], [x_1, x_2], \cdots, [x_{n-1}, x_n]$ に分ける．さらに，$|\Delta| = \max\{x_i - x_{i-1} | i = 1, 2, \cdots, n\}$ とおく．いま，各区間 $[x_{i-1}, x_i]$ から任意の点 ξ_i をえらび，

$$\sum_{i=1}^{n} f(\xi_i)(x_i - x_{i-1}) \tag{1}$$

を考える．これは，$[a, b]$ で $f(x) \geq 0$ であれば，図 2.1 に示した長方形の面積の和を表している．ここで $|\Delta| \to 0$ となるように分割を限りなく細かくしていくとき，$x_{i-1} \leq \xi_i \leq x_i$ なる点 ξ_i のとり方によらず (1) 式が一定の値に近づいていくとき，関数 $f(x)$ は区間 $[a, b]$ で**積分可能**であるという．また，その一定値を $\int_a^b f(x)dx$ で表し，関数 $f(x)$ の区間 $[a, b]$ における**定積分**という．特に，関数 $f(x)$ が連続関数ならば次の定理が成り立つ．

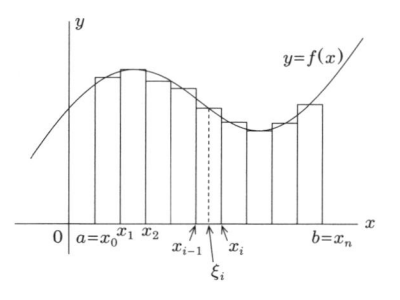

図 2.1

定理 1 関数 $f(x)$ が区間 $[a,b]$ で連続ならば，$f(x)$ は $[a,b]$ で積分可能である．

上の定理から，関数 $f(x)$ が連続関数ならば，特別な区間の分割，点 ξ_i の取り方に対し (1) 式が一定の値に収束し，その値が $\displaystyle\int_a^b f(x)dx$ となることがわかる．

【例題 1】 次の等式が成り立つことを示せ．
$$\int_a^b c\,dx = c(b-a) \qquad (c\text{ は定数})$$

証明 区間 $[a,b]$ の分割を
$$\Delta : \quad a = x_0 < x_1 < x_2 < \ldots < x_n = b$$
とする．各区間 $[x_{i-1}, x_i]$ の任意の点 ξ_i に対して，$f(\xi_i) = c$ であるから
$$\begin{aligned}
\sum_{i=1}^n f(\xi_i)(x_i - x_{i-1}) &= \sum_{i=1}^n c(x_i - x_{i-1}) \\
&= c[(x_1 - x_0) + (x_2 - x_1) + (x_3 - x_2) + \cdots + (x_n - x_{n-1})] \\
&= c(x_n - x_0) = c(b-a)
\end{aligned}$$
このように分割の仕方，点 ξ_i の取り方によらず $\displaystyle\sum_{i=1}^n f(\xi_i)(x_i - x_{i-1})$ は一定であるから
$$\int_a^b c\,dx = c(b-a) \qquad \square$$

定理 2 関数 $f(x)$ が区間 $[a,b]$ で連続であるとする．このとき，
$$F(x) = \int_a^x f(t)dt \quad \text{とおけば，} \quad \frac{dF(x)}{dx} = f(x)$$

証明 $a < x$ とする．
$$\frac{dF(x)}{dx} = \lim_{h \to 0} \frac{F(x+h) - F(x)}{h}$$
である．ここで，$F(x)$ の定義と図 2.2 からわかるように，$F(x+h) - F(x)$ は

図の斜線部の面積を表している．したがって，次の等式が成り立つ．

$$F(x+h) - F(x) = \int_a^{x+h} f(t)dt - \int_a^x f(t)dt = \int_x^{x+h} f(t)dt$$

いま

$$M = \max\{f(t)|x \leq t \leq x+h\}, \qquad m = \min\{f(t)|x \leq t \leq x+h\}$$

とおくと，$h > 0$ ならば

$$mh \leq F(x+h) - F(x) \leq Mh$$

である．（$h < 0$ ならば不等号は逆向き）

この不等式の両辺を h で割ると（$h < 0$ の場合も含めて）

$$m \leq \frac{F(x+h) - F(x)}{h} \leq M$$

となる．ここで $h \to 0$ とすると，$m, M \to f(x)$ であるから

$$\frac{dF(x)}{dx} = \lim_{h \to 0} \frac{F(x+h) - F(x)}{h} = f(x)$$

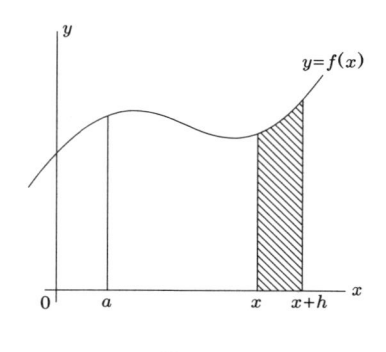

∎

図 2.2

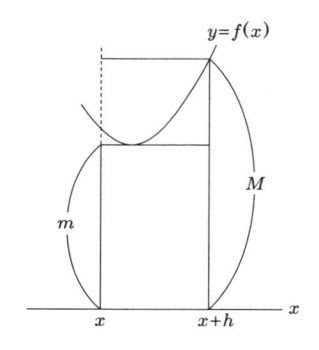

図 2.3

一般に，関数 $F(x)$ の導関数が $f(x)$ であるとき，すなわち，

$$F'(x) = f(x)$$

となる $F(x)$ を $f(x)$ の**不定積分**または**原始関数**という．

定理 3 $F(x)$ を $f(x)$ の 1 つの不定積分とすると，任意の定数 C に対して，$F(x)+C$ もまた $f(x)$ の不定積分である．逆に，$f(x)$ の不定積分は $F(x)+C$ の形のものに限る．

(証明)
$$\{F(x)+C\}' = f(x)$$
であるから，$F(x)+C$ もまた $f(x)$ の不定積分である．

また，$F(x)$ と $G(x)$ がともに $f(x)$ の不定積分であるとすると，
$$\{G(x)-F(x)\}' = G'(x) - F'(x) = f(x) - f(x) = 0$$
よって
$$G(x) - F(x) = C \quad (C \text{ は定数})$$
ゆえに
$$G(x) = F(x) + C$$

$f(x)$ の不定積分を $\int f(x)dx$ で表す．したがって，$F(x)$ が $f(x)$ の不定積分の 1 つであれば，$f(x)$ の任意の不定積分は
$$\int f(x)dx + C$$
と表される．このとき，定数 C を**積分定数**という．

不定積分の定義と微分法の性質から次の定理が得られる．

定理 4 関数 $f(x), g(x)$ が区間 $[a,b]$ で連続ならば，次の式が成立する．

(1) $\displaystyle\int af(x)dx = a\int f(x)dx$

(2) $\displaystyle\int \{f(x) \pm g(x)\}dx = \int f(x)dx \pm \int g(x)dx$ （複号同順）

定理 5（微分積分法の基本定理）

$f(x)$ が $[a,b]$ で連続とする．$f(x)$ の $[a,b]$ における不定積分の 1 つを $F(x)$ とすると，
$$\int_a^b f(x)dx = F(b) - F(a)$$

(証明) $G(x) = \int_a^x f(t)dt$ とおく．$F(x), G(x)$ はともに $f(x)$ の不定積分であるから，
$$G(x) = F(x) + C \qquad (C\text{ は定数})$$
と書ける．ところが，
$$G(a) = \int_a^a f(x)dx = 0$$

であるから $G(a) = F(a) + C = 0$, したがって, $C = -F(a)$.
ゆえに
$$G(x) = F(x) - F(a)$$
ここで $x = b$ とおけば，
$$G(b) = \int_a^b f(x)dx = F(b) - F(a)$$
関数 $F(x)$ に対し，$F(b) - F(a)$ を $\bigl[F(x)\bigr]_a^b$ と表す．この記号によると, 上の結果は次のように表すことができる．
$$\int_a^b f(x)dx = \bigl[F(x)\bigr]_a^b$$

【例題 2】 $G(x) = \sin x$ とおくと，$G'(x) = \cos x$.
よって, $G(x) = \sin x$ は $\cos x$ の不定積分の 1 つである．
したがって
$$\int_0^{\pi/2} \cos x\, dx = G(\pi/2) - G(0) = 1 \qquad \square$$

節末問題 2.1

1. 区間 $I = [0,1]$ を n 等分し，その分点を $x_0 = 0$, $x_1 = 1/n$, $x_2 = 2/n, \cdots, x_n = 1$ とする．さらに $\xi_i = x_i$ とする．このとき，関数 $f(x)$ について $\displaystyle\lim_{n\to\infty} \sum_{i=1}^{n} f(\xi_i)\frac{1}{n}$ を考えることにより，次の定積分の値を求めよ．

(1) $\displaystyle\int_0^1 (2x+1)dx$ (2) $\displaystyle\int_0^1 x^2 dx$

2. 問 1 の (1), (2) の関数 $f(x)$ について，$\xi_i = x_{i-1}$ として $\displaystyle\lim_{n\to\infty} \sum_{i=1}^{n} f(\xi_i)\frac{1}{n}$ を計算せよ．

3. 次の定積分の値を求めよ．

(1) $\displaystyle\int_0^1 (3x^2 + 2x)dx$ (2) $\displaystyle\int_0^{\pi/2} (\sin x + \cos x)dx$

(答) **1.** (1) 2 (2) $\dfrac{1}{3}$
2. (1) 2 (2) $\dfrac{1}{3}$
3. (1) 2 (2) 2

2.2 不定積分の基礎

2.2.1 不定積分の基本公式

$f(x)$	$\int f(x)dx$
x^α	$\dfrac{1}{\alpha+1}x^{\alpha+1}\ (\alpha\neq -1)$
$\dfrac{1}{x}$	$\log|x|$
e^x	e^x
$\sin x$	$-\cos x$
$\cos x$	$\sin x$
$\tan x$	$-\log|\cos x|$
$\sec^2 x$	$\tan x$
$\dfrac{1}{\sqrt{a^2-x^2}}\ (a>0)$	$\sin^{-1}\dfrac{x}{a}$
$\dfrac{1}{x^2+a^2}\ (a\neq 0)$	$\dfrac{1}{a}\tan^{-1}\dfrac{x}{a}$

(積分定数は省略)

上の表は不定積分の定義と微分法の基本的な公式から明らかであろう．

2.2.2 置換積分法

関数 $f(x)$ の不定積分を $F(x)$ とする．すなわち，$F'(x)=f(x)$ である．いま，$g(t)$ を微分可能な関数とし，$x=g(t)$ とすると，$F(x)=\displaystyle\int f(x)dx$ は t の関数である．

そこで，$F(g(t))=G(t)$ とおくと，合成関数の微分法の公式により

$$\frac{d}{dt}G(t)=\frac{d}{dx}F(x)\cdot\frac{dx}{dt}=f(x)\cdot g'(t)$$

よって

$$G'(t)=f(g(t))\cdot g'(t)$$

したがって，不定積分の定義から
$$G(t) = \int f(g(t)) \cdot g'(t)dt$$
ここで，$G(t) = F(g(t)) = F(x) = \int f(x)dx$ であるから，次の公式を得る．これを**置換積分法**の公式という．

定理 6（置換積分法）
$$\int f(x)dx = \int f(g(t)) \cdot g'(t)dt \qquad (\,x = g(t)\,)$$

上の定理で x と t を入れかえると，次の公式を得る．
$$\int f(g(x)) \cdot g'(x)dx = \int f(t)dt \qquad (\,g(x) = t\,)$$
$x = g(t)$ のとき，$\dfrac{dx}{dt} = g'(t)$ であるが，これを $dx = g'(t)dt$ と表すことがある（第1章参照）．このような書き方を用いると，上の置換積分の公式は $\int f(x)dx$ において，形式的に x を $g(t)$ に，dx を $g'(t)dt$ におきかえると得られる．また，第2の公式を適用する場合には，$g(x)$ を t におきかえ，$g'(x)dx$ を dt におきかえればよい．

【例題3】 次の不定積分を求めよ．

(1) $\displaystyle\int e^{3x}dx$ 　　　　(2) $\displaystyle\int \frac{2x}{x^2+1}dx$

(解) (1) $3x = t$ とおくと $x = \dfrac{1}{3}t$, $\dfrac{dx}{dt} = \dfrac{1}{3}$.
$$\int e^{3x}dx = \int e^t \frac{dx}{dt}dt = \int e^t \frac{1}{3}dt$$
$$= \frac{1}{3}e^t + C = \frac{1}{3}e^{3x} + C$$

(2) $x^2 + 1 = t$ とおくと，$2xdx = dt$
$$\int \frac{2x}{x^2+1}dx = \int \frac{1}{x^2+1} \cdot (2x)dx = \int \frac{1}{t}dt$$

$$= \log|t| + C = \log(x^2+1) + C \qquad \square$$

次の不定積分の公式もよく使われるものである．

$$\int \frac{f'(x)}{f(x)} dx = \log|f(x)| + C$$

証明は次に示すように，$f(x) = t$ とおくと $f'(x)dx = dt$ であることを利用すればよい．

$$\int \frac{f'(x)}{f(x)} dx = \int \frac{1}{t} dt = \log|t| + C = \log|f(x)| + C$$

次の例題で取り上げる不定積分は，結果，手法ともによく用いられる重要なものである．

【例題 4】 次の不定積分を求めよ．

(1) $\displaystyle\int \frac{1}{\sqrt{a^2-x^2}} dx \quad (a>0)$ (2) $\displaystyle\int \frac{1}{x^2+a^2} dx \quad (a \neq 0)$

(**解**) (1) $x = a\sin\theta$ ($|\theta| < \pi/2$) とおくと，$dx = a\cos\theta d\theta$
$\sqrt{a^2-x^2} = \sqrt{a^2 - a^2\sin^2\theta} = a\cos\theta$ ($|\theta| < \pi/2$ より $\cos\theta > 0$)

$$I = \int \frac{dx}{\sqrt{a^2-x^2}} = \int \frac{1}{a\cos\theta} \cdot a\cos\theta d\theta = \int 1 d\theta = \theta + C$$

ここで，$x = a\sin\theta$ ($|\theta| < \pi/2$) より $\theta = \sin^{-1}\frac{x}{a}$

したがって

$$I = \int \frac{dx}{\sqrt{a^2-x^2}} = \sin^{-1}\frac{x}{a} + C$$

(2) $x = a\tan\theta$ ($|\theta| < \pi/2$) とおくと，$dx = \dfrac{a}{\cos^2\theta} d\theta$

$$x^2 + a^2 = a^2\tan^2\theta + a^2 = a^2(\tan^2\theta + 1) = \frac{a^2}{\cos^2\theta}$$

したがって

$$I = \int \frac{dx}{x^2+a^2} = \int \frac{\cos^2\theta}{a^2} \cdot \frac{a}{\cos^2\theta} d\theta$$

$$= \frac{1}{a} \int 1 d\theta = \frac{1}{a}\theta + C = \frac{1}{a}\tan^{-1}\frac{x}{a} + C \qquad \square$$

2.2.3 部分積分法

$f(x), g(x)$ を微分可能な関数とするとき，積の導関数の公式により，

$$\frac{d}{dx}[f(x)g(x)] = f'(x)g(x) + f(x)g'(x)$$

この両辺を積分すると，

$$\int \frac{d}{dx}[f(x)g(x)]dx = \int f'(x)g(x)dx + \int f(x)g'(x)dx$$

ここで，左辺が $f(x)g(x)$ であることに注意すると，次の公式を得る．これを**部分積分法**の公式という．

定理 7（部分積分法）

$$\int f(x)g'(x)dx = f(x)g(x) - \int f'(x)g(x)dx$$

【例題 5】 次の不定積分を求めよ．

(1) $\displaystyle\int x \sin x \, dx$ \qquad (2) $\displaystyle\int x^2 \log x \, dx$

(解) (1) $f(x) = x, g'(x) = \sin x$ と考えて，公式を適用すると

$$I = \int x \sin x \, dx = \int x(-\cos x)' dx = -x \cos x - \int (x)'(-\cos x) dx$$

$$= -x \cos x + \int \cos x \, dx = -x \cos x + \sin x + C$$

(2) $f(x) = \log x, \quad g'(x) = x^2$ と考えて公式を適用すると

$$I = \int (\log x)\left(\frac{1}{3}x^3\right)' dx = (\log x)\frac{1}{3}x^3 - \int (\log x)'\left(\frac{1}{3}x^3\right)dx$$

$$= \frac{1}{3}x^3 \log x - \int \frac{1}{3}x^2 dx = \frac{1}{3}x^3 \log x - \frac{1}{9}x^3 + C \qquad \square$$

上の例題からわかるように，部分積分法は関数の積の積分に対して用い，その一方が微分すると簡単な関数になる場合に有効である．たとえば上の例題では，

$x \sin x \longrightarrow x$ は微分すると 1 になる．$1 \cdot \int \sin x \, dx$ の積分も容易．

$\longrightarrow f(x) = x, \quad g'(x) = \sin x$ と考え，$f'(x) = 1$ を利用．

(**注**) 例題 3 の (1),(2) ともに被積分関数が 2 つの関数の積の形から，1 つの関数の形に変わっている．なお，$\int f(x)g(x)dx \neq \int f(x)dx \cdot \int g(x)dx$ であることに注意．

定積分は不定積分が求まれば計算できることから，置換積分法，部分積分法は定積分にも応用される．

定理 8（置換積分法）

$$\int_a^b f(x)dx = \int_\alpha^\beta f(g(t))g'(t)dt$$

ただし，$g(\alpha) = a, \quad g(\beta) = b$

$a \leqq x \leqq b \quad (t \in [\alpha, \beta]$ または $t \in [\beta, \alpha])$

定理 9（部分積分法）

$$\int_a^b f(x)g'(x)dx = \Big[f(x)g(x)\Big]_a^b - \int_a^b f'(x)g(x)dx$$

【**例題 6**】 次の定積分の値を求めよ．

(1) $\displaystyle\int_0^1 (3x-1)^4 dx$ \qquad (2) $\displaystyle\int_0^\pi x \sin x \, dx$

(**解**) (1) $3x - 1 = t$ とおくと， $3dx = dt$.
また，$0 \leqq x \leqq 1$ に $-1 \leqq t \leqq 2$ が対応する．

$$\int_0^1 (3x-1)^4 dx = \int_{-1}^2 t^4 \cdot \frac{1}{3} dt = \frac{1}{3}\left[\frac{1}{5}t^5\right]_{-1}^2 = \frac{11}{5}$$

(2) $f(x) = x, \quad g'(x) = \sin x$ とみると，
$f'(x) = 1, \quad g(x) = -\cos x$ であるから

$$\int_0^\pi x \sin x \, dx = \Big[x(-\cos x)\Big]_0^\pi - \int_0^\pi 1 \cdot (-\cos x)dx$$

$$= \pi + \Big[\sin x\Big]_0^\pi = \pi \qquad \square$$

節末問題 2.2

1. 次の不定積分を求めよ．

(1) $\displaystyle\int 2x\sqrt{x^2+1}\,dx$

(2) $\displaystyle\int x\cos x\,dx$

(3) $\displaystyle\int \frac{6x^2}{(x^3+2)^3}\,dx$

(4) $\displaystyle\int \frac{\log x}{\sqrt{x}}\,dx$

2. 次の不定積分を求めよ．

(1) $\displaystyle\int \frac{dx}{\sqrt{9-x^2}}$

(2) $\displaystyle\int \frac{6}{x^2+4}\,dx$

(3) $\displaystyle\int \sqrt{4-x^2}\,dx$

(4) $\displaystyle\int \frac{2x+1}{x^2+1}\,dx$

3. 次の定積分の値を求めよ．

(1) $\displaystyle\int_0^{1/2} \frac{dx}{\sqrt{1-x^2}}$

(2) $\displaystyle\int_1^2 x\log x\,dx$

(答) **1.** (1) $\dfrac{2}{3}(1+x^2)^{\frac{3}{2}}+C$　　(2) $x\sin x+\cos x+C$

(3) $-\dfrac{1}{(x^3+2)^2}+C$　　(4) $2\sqrt{x}\log x-4\sqrt{x}+C$

2. (1) $\sin^{-1}\dfrac{x}{3}+C$　　(2) $3\tan^{-1}\dfrac{x}{2}+C$

(3) $2\sin^{-1}\dfrac{x}{2}+\dfrac{x}{2}\sqrt{4-x^2}+C$　　(4) $\log(x^2+1)+\tan^{-1}x+C$

3. (1) $\dfrac{\pi}{6}$　　(2) $2\log 2-\dfrac{3}{4}$

2.3 有理関数の積分

$P(x)$, $Q(x)$ を x の多項式とするとき，$P(x)/Q(x)$ の形の関数を有理関数という．有理関数の不定積分を求めるには，次の公式が基本的である．

$$\int \frac{1}{(x-a)^n} dx = \frac{1}{(1-n)(x-a)^{n-1}} \quad (n \neq 1)$$

$$\int \frac{1}{(x-a)} dx = \log|x-a| \quad (n = 1)$$

$$\int \frac{1}{x^2+a^2} dx = \frac{1}{a} \tan^{-1} \frac{x}{a}, \quad \int \frac{2x}{x^2+a^2} dx = \log(x^2+a^2)$$

有理関数の不定積分を計算するためには，与えられた関数を上の公式が適用できるように変形すればよい．ここではいくつかの具体例を通してその変形の手法を考える．

【例題 7】 次の不定積分を求めよ．

$$\int \frac{4x}{x^2 - 2x - 3} dx$$

(解)

$$\frac{4x}{x^2 - 2x - 3} = \frac{4x}{(x-3)(x+1)}$$

$$= \frac{a}{x-3} + \frac{b}{x+1}$$

とおき，右辺を通分し両辺の分子を比較すると，

$$4x = a(x+1) + b(x-3)$$

これより

$x = 3$ とおくと $\quad 4a = 12, \quad a = 3$
$x = -1$ とおくと $\quad -4b = -4, \quad b = 1$

したがって，

$$\int \left(\frac{3}{x-3} + \frac{1}{x+1} \right) dx$$

$$= 3\log|x-3| + \log|x+1| + C$$

ここで用いられた

$$\frac{4x}{x^2-2x-3} = \frac{3}{x-3} + \frac{1}{x+1}$$

のように分数式を変形する方法を**部分分数に分解する**という．

【例題8】 次の不定積分を求めよ．

$$I = \int \frac{3x+1}{(x^2+1)(x+2)} dx$$

(解)
$$\frac{3x+1}{(x^2+1)(x+2)} = \frac{ax+b}{x^2+1} + \frac{c}{x+2}$$

とおき，右辺を通分し両辺の分子を比較すると

$$3x+1 = (a+c)x^2 + (2a+b)x + 2b+c$$

この恒等式から

$$a+c = 0, \quad 2a+b = 3, \quad 2b+c = 1$$

これを解いて

$$a = 1, \quad b = 1, \quad c = -1$$

したがって

$$I = \int \left(\frac{x+1}{x^2+1} + \frac{-1}{x+2} \right) dx$$
$$= \frac{1}{2}\int \frac{2x}{x^2+1} dx + \int \frac{1}{x^2+1} dx - \int \frac{1}{x+2} dx$$
$$= \frac{1}{2}\log(x^2+1) + \tan^{-1} x - \log|x+2| + C$$

【例題9】 次の不定積分を求めよ．

$$I = \int \frac{x^2-x+2}{(x+1)^3} dx$$

(解) $x+1 = t$ とおくと，$x = t-1, \quad dx = dt$.

$$\frac{x^2-x+2}{(x+1)^3} = \frac{1}{t} - \frac{3}{t^2} + \frac{4}{t^3}$$

よって

$$I = \int \left(\frac{1}{t} - \frac{3}{t^2} + \frac{4}{t^3}\right) dt$$

$$= \log|t| + \frac{3}{t} - \frac{2}{t^2} + C$$

$$= \log|x+1| + \frac{3}{x+1} - \frac{2}{(x+1)^2} + C \qquad \square$$

(**注**) 上の例題 9 の計算では，実質的には被積分関数を $1/(x+1)^k$ ($k = 1, 2, 3$) を用いて表していることになる．この考え方は次の例題 10 でも使われている．

【例題 10】 次の不定積分を求めよ．

$$I = \int \frac{1}{(x+2)^2(x+3)} dx$$

(**解**)
$$\frac{1}{(x+2)^2(x+3)} = \frac{a}{x+2} + \frac{b}{(x+2)^2} + \frac{c}{x+3}$$

とおき，右辺を通分して両辺の分子を比べると

$$a(x+2)(x+3) + b(x+3) + c(x+2)^2 = 1$$

$x = -2$ とおくと $\qquad b = 1$

$x = -3$ とおくと $\qquad c = 1$

$x = -1$ とおくと $\qquad 2a + 2b + c = 1, \quad a = -1$

したがって

$$I = \int \left(\frac{-1}{x+2} + \frac{1}{(x+2)^2} + \frac{1}{x+3}\right) dx$$

$$= -\log|x+2| - \frac{1}{x+2} + \log|x+3| + C \qquad \square$$

節末問題 2.3

1. 次の不定積分を求めよ．

(1) $\displaystyle\int \frac{dx}{x^2+x-2}$

(2) $\displaystyle\int \frac{x}{x^2-5x+6}dx$

(3) $\displaystyle\int \frac{3x+1}{x^2+2x-3}dx$

(4) $\displaystyle\int \frac{x^2+1}{x(x^2-1)}dx$

2. 次の不定積分を求めよ．

(1) $\displaystyle\int \frac{6x+7}{(x+2)^2}dx$

(2) $\displaystyle\int \frac{2x+4}{x^3-2x^2}dx$

(3) $\displaystyle\int \frac{x^2}{(x-1)^3}dx$

(4) $\displaystyle\int \frac{x^2}{(x+1)^2(x-1)}dx$

3. 次の不定積分を求めよ．

(1) $\displaystyle\int \frac{3x+2}{(x+2)(x^2+4)}dx$

(2) $\displaystyle\int \frac{2x}{(x+1)(x^2+1)}dx$

（答）**1.** (1) $\dfrac{1}{3}\log\left|\dfrac{x-1}{x+2}\right|+C$ (2) $-2\log|x-2|+3\log|x-3|+C$

(3) $\log|x-1|+2\log|x+3|+C$ (4) $\log\left|\dfrac{x^2-1}{x}\right|+C$

2. (1) $6\log|x-2|+\dfrac{5}{x+2}+C$ (2) $2\log\left|\dfrac{x-2}{x}\right|+\dfrac{2}{x}+C$

(3) $\log|x-1|-\dfrac{2}{x-1}-\dfrac{1}{2(x-1)^2}+C$

(4) $\dfrac{1}{4}\log|(x-1)(x+1)^3|+\dfrac{1}{2(x+1)}+C$

3. (1) $-\dfrac{1}{2}\log|x+2|+\dfrac{1}{4}\log(x^2+4)+\tan^{-1}\dfrac{x}{2}+C$

(2) $-\log|x+1|+\dfrac{1}{2}\log(x^2+1)+\tan^{-1}x+C$

2.4 種々の不定積分

この節では無理関数，三角関数の不定積分について考える．いずれも変数の適当な変換により，新しい変数に関する有理関数の積分に帰着させることが基本方針である．

2.4.1 無理関数

x と $\sqrt{ax+b}$ の有理関数の積分では
$$\sqrt{ax+b} = t$$
とおく自然な置換が有効である．しかし，$\sqrt{x^2+a}$ の場合は次の例で示すような特別な工夫が必要である．

【例題11】 次の不定積分を求めよ．

(1) $\displaystyle\int \frac{1}{x+\sqrt{x+6}}dx$ 　　(2) $\displaystyle\int \frac{dx}{\sqrt{x^2+a}}$

(解) $\sqrt{x+6} = t$ とおくと，　$x = t^2-6$, 　$\dfrac{dx}{dt} = 2t$

$$I = \int \frac{2t}{t^2+t-6}dt = \int \frac{2t}{(t+3)(t-2)}dt$$

ここで
$$\frac{2t}{(t+3)(t-2)} = \frac{a}{t+3} + \frac{b}{t-2}$$

とおき，右辺を通分し両辺の分子を比較すると
$$a(t-2) + b(t+3) = 2t$$

$t = -3$ とおくと 　　　　　$-5a = -6$ 　$a = \dfrac{6}{5}$

$t = 2$ とおくと 　　　　　　$5b = 4$ 　$b = \dfrac{4}{5}$

したがって
$$I = \int \left(\frac{6}{5}\cdot\frac{1}{t+3} + \frac{4}{5}\cdot\frac{1}{t-2}\right)dt$$
$$= \frac{6}{5}\log|t+3| + \frac{4}{5}\log|t-2| + C$$

$$= \frac{6}{5}\log|\sqrt{x+6}+3| + \frac{4}{5}\log|\sqrt{x+6}-2| + C$$

(2)　$\sqrt{x^2+a} = t - x$ とおき，両辺を平方すると

$$x^2 + a = t^2 - 2tx + x^2, \qquad x = \frac{t^2 - a}{2t}$$

$$\frac{dx}{dt} = \frac{t^2 + a}{2t^2}, \qquad \sqrt{x^2+a} = t - \frac{t^2-a}{2t} = \frac{t^2+a}{2t}$$

したがって

$$I = \int \frac{dx}{\sqrt{x^2+a}}dx = \int \frac{2t}{t^2+a} \cdot \frac{t^2+a}{2t^2} dt$$

$$= \int \frac{dt}{t} = \log|t| + C = \log\left|x + \sqrt{x^2+a}\right| + C \qquad \square$$

$\sqrt{ax^2+bx+c}$　$(b \neq 0)$ の形の無理関数を含む積分については，次の例で示すように根号内の2次式を平方完成することにより，$\sqrt{a^2-x^2}$ または $\sqrt{x^2+a}$ の形の積分に帰着させることができる．

【例題12】 次の不定積分を求めよ．

(1)　$\displaystyle\int \frac{dx}{\sqrt{3-2x-x^2}}$ 　　　　(2)　$\displaystyle\int \frac{dx}{\sqrt{x^2-4x+5}}$

(解)　(1)　$3 - 2x - x^2 = 2^2 - (x+1)^2$ であるから
　　$x + 1 = t$ とおくと，　　$dx = dt$

したがって

$$I = \int \frac{dx}{\sqrt{3-2x-x^2}} = \int \frac{dt}{\sqrt{2^2-t^2}}$$

ここで，$t = 2\sin\theta$ とおくと，$dt = 2\cos\theta d\theta$，$\sqrt{2^2-t^2} = 2\cos\theta$ であるから

$$I = \int \frac{2\cos\theta}{2\cos\theta} d\theta = \int 1 d\theta = \theta + C$$

$$= \sin^{-1}\frac{t}{2} + C = \sin^{-1}\left(\frac{x+1}{2}\right) + C$$

(2)　$x^2 - 4x + 5 = (x-2)^2 + 1$ であるから
　　$x - 2 = t$ とおくと，　　$dx = dt$.

したがって
$$I = \int \frac{dx}{\sqrt{x^2-4x+5}} = \int \frac{dt}{\sqrt{t^2+1}} = \log\left(t+\sqrt{t^2+1}\right)+C$$
$$= \log\left(x-2+\sqrt{x^2-4x+5}\right)+C$$

(注) (1) では $3-2x-x^2 = 2^2 - (x+1)^2$ より 2 つのステップをまとめて $x+1 = 2\sin\theta \ (|\theta|<\pi/2)$ とおいてもよい.

2.4.2 三角関数・指数関数

三角関数の不定積分では,次に示すように $\tan\dfrac{x}{2} = t$ という変数変換により,$\sin x$, $\cos x$, dx/dt を t の有理式で表すことができる.

$\tan\dfrac{x}{2} = t$ とおくと

$$1+t^2 = 1+\tan^2\frac{x}{2} = \frac{1}{\cos^2(x/2)}$$

$$\sin x = 2\sin\frac{x}{2}\cos\frac{x}{2} = 2\left(\frac{\sin(x/2)}{\cos(x/2)}\right)\cos^2\frac{x}{2} = \frac{2t}{1+t^2}$$

$$\cos x = 2\cos^2\frac{x}{2} - 1 = 2\cdot\frac{1}{1+t^2} - 1 = \frac{1-t^2}{1+t^2}$$

また,$\tan\dfrac{x}{2} = t$ の両辺を t で微分すると

$$\frac{1}{\cos^2(x/2)}\cdot\left(\frac{x}{2}\right)'\frac{dx}{dt} = \left(1+\tan^2\frac{x}{2}\right)\cdot\frac{1}{2}\cdot\frac{dx}{dt} = \frac{1}{2}(1+t^2)\frac{dx}{dt} = 1$$

よって, $dx = \dfrac{2}{1+t^2}dt$.

以上をまとめると

$$\sin x = \frac{2t}{1+t^2}, \quad \cos x = \frac{1-t^2}{1+t^2}, \quad dx = \frac{2}{1+t^2}dt.$$

これらを積分の式に代入すればよい.

【例題 13】 次の不定積分を求めよ.
$$\int \frac{1}{\sin x + 7\cos x + 5}dx$$

(解) $\tan\dfrac{x}{2}=t$ とおくと

$$\sin x=\dfrac{2t}{1+t^2},\quad \cos x=\dfrac{1-t^2}{1+t^2},\quad dx=\dfrac{2}{1+t^2}dt$$

これより

$$\begin{aligned}
I&=\int\dfrac{1}{\sin x+7\cos x+5}dx\\
&=\int\dfrac{1}{(2t)/(1+t^2)+7\cdot(1-t^2)/(1+t^2)+5}\cdot\dfrac{2}{1+t^2}dt\\
&=\int\dfrac{-1}{t^2-t-6}dt=\int\dfrac{1}{5}\Big(\dfrac{1}{t+2}-\dfrac{1}{t-3}\Big)dt\\
&=\dfrac{1}{5}\log\Big|\dfrac{t+2}{t-3}\Big|+C=\dfrac{1}{5}\log\Big|\dfrac{\tan(x/2)+2}{\tan(x/2)-3}\Big|+C
\end{aligned}$$

指数関数の積分では，次の例で示すように，$e^x=t$ という自然な置換が有効である．

【例題14】 次の不定積分を求めよ．

$$\int\dfrac{e^x}{e^{2x}+3e^x+2}dx$$

(解) $e^x=t$ とおくと，$e^x dx=dt,\quad dx=\dfrac{1}{t}dt$

$$\begin{aligned}
I&=\int\dfrac{e^x}{e^{2x}+3e^x+2}dx\\
&=\int\dfrac{t}{t^2+3t+2}\cdot\dfrac{1}{t}dt=\int\Big(\dfrac{1}{t+1}-\dfrac{1}{t+2}\Big)dx\\
&=\log\Big|\dfrac{t+1}{t+2}\Big|+C=\log\Big(\dfrac{e^x+1}{e^x+2}\Big)+C
\end{aligned}$$

節末問題 2.4

1. 次の不定積分を求めよ．

(1) $\displaystyle\int \frac{dx}{x\sqrt{x-2}}$
(2) $\displaystyle\int \frac{dx}{\sqrt{x}+1}$

2. 次の不定積分を求めよ．

(1) $\displaystyle\int \frac{dx}{\sqrt{8+2x-x^2}}$
(2) $\displaystyle\int \frac{dx}{x\sqrt{x^2+1}}$
(3) $\displaystyle\int \frac{dx}{\sqrt{2x-x^2}}$
(4) $\displaystyle\int \frac{dx}{\sqrt{x^2-2x+2}}$

3. 次の不定積分を求めよ．

(1) $\displaystyle\int \frac{dx}{1+\cos x}$
(2) $\displaystyle\int \frac{dx}{\sin x}$
(3) $\displaystyle\int \frac{dx}{1+e^x}$
(4) $\displaystyle\int \frac{2e^x}{e^{2x}-1}dx$

(答) **1.** (1) $\sqrt{2}\tan^{-1}\sqrt{\dfrac{x-2}{2}}+C$ (2) $2\sqrt{x}-2\log(1+\sqrt{x})+C$

2. (1) $\sin^{-1}\left(\dfrac{x-1}{3}\right)+C$ (2) $\log\left|\dfrac{\sqrt{1+x^2}-1}{x}\right|+C$
(3) $\sin^{-1}(x-1)+C$ (4) $\log(\sqrt{x^2-2x+2}+x-1)+C$

3. (1) $\tan\dfrac{x}{2}+C$ (2) $\log\left|\tan\dfrac{x}{2}\right|+C$
(3) $x-\log(e^x+1)+C$ (4) $\log\left|\dfrac{e^x-1}{e^x+1}\right|+C$

2.5 広義積分

これまでは,関数 $f(x)$ の定積分は $f(x)$ が閉区間 $[a,b]$ で連続である場合について考えてきたが,ここでは,積分区間 $[a,b]$ の中に $f(x)$ の不連続点がある場合と,積分区間が有界でない(無限に広がっている)場合について考える.

関数 $f(x)$ が $[a,b)$ で連続,b で不連続のとき,$f(x)$ は $[a,b-\epsilon]\,(\epsilon > 0)$ では連続であるから,$\int_a^{b-\epsilon} f(x)dx$ は存在する.このとき,$\lim_{\epsilon \to +0} \int_a^{b-\epsilon} f(x)dx$ が存在するならば,

$$\int_a^b f(x)dx = \lim_{\epsilon \to +0} \int_a^{b-\epsilon} f(x)dx$$

と定義し,$f(x)$ は $[a,b]$ で**積分可能**であるという.

同様に,$f(x)$ が $(a,b]$ で連続のとき,

$$\int_a^b f(x)dx = \lim_{\epsilon \to +0} \int_{a+\epsilon}^b f(x)dx$$

と定義する.

また,$f(x)$ が $[a,b]$ で c を除いて連続であれば

$$\int_a^b f(x)dx = \int_a^c f(x)dx + \int_c^b f(x)dx$$

と定義する.このように定義された定積分を**広義積分**という.

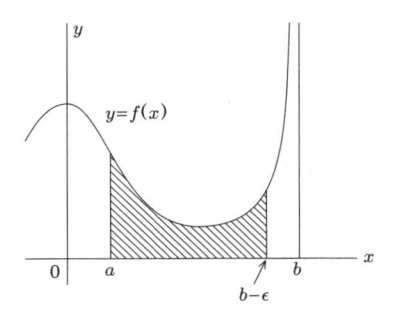

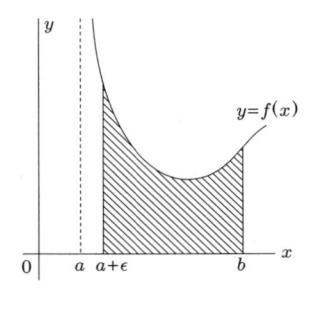

図 2.4

【例題15】 次の広義積分を求めよ．

$$\int_1^2 \frac{1}{\sqrt{x-1}}dx$$

(解) $\displaystyle\int_1^2 \frac{1}{\sqrt{x-1}}dx = \lim_{\epsilon \to +0}\int_{1+\epsilon}^2 \frac{1}{\sqrt{x-1}}dx$

$\displaystyle\qquad\qquad\qquad = \lim_{\epsilon \to +0}\left[2\sqrt{x-1}\right]_{1+\epsilon}^2 = \lim_{\epsilon \to +0}(2-2\sqrt{\epsilon}) = 2$ □

(注) 関数 $f(x) = 1/(x-1)^2$ は $x=1$ において不連続である．したがって定義から

$$\int_0^2 \frac{dx}{(x-1)^2} = \int_0^1 \frac{dx}{(x-1)^2} + \int_1^2 \frac{dx}{(x-1)^2}$$

となる．ここで

$$\lim_{\epsilon \to +0}\int_0^{1-\epsilon}\frac{dx}{(x-1)^2} = \lim_{\epsilon \to +0}\left[\frac{-1}{x-1}\right]_0^{1-\epsilon} = \infty$$

であるから，上記の広義積分は存在しない．このことは

$$\int_0^2\frac{dx}{(x-1)^2} = \left[\frac{-1}{x-1}\right]_0^2 = -1-1 = -2$$

としてはならないことを示している．

次に積分区間が有界でない場合について考える．関数 $f(x)$ が $[a,\infty)$ で連続であるとする．このとき任意の M に対し，$f(x)$ は $[a,\infty)$ で連続であるから $\displaystyle\int_a^M f(x)dx$ は存在する．さらに，極限値 $\displaystyle\lim_{M\to\infty}\int_a^M f(x)dx$ が存在するとき

$$\int_a^\infty f(x)dx = \lim_{M\to\infty}\int_a^M f(x)dx$$

と定義し，この値を $f(x)$ の $[a,\infty)$ における**広義積分**という．

また，$(-\infty, a]$ で連続な関数 $f(x)$ について $\displaystyle\int_{-\infty}^a f(x)dx$ が同様に定義される．さらに，2つの広義積分

$$\int_{-\infty}^0 f(x)dx, \qquad \int_0^\infty f(x)dx$$

がともに存在するとき

$$\int_{-\infty}^{\infty} f(x)dx = \int_{-\infty}^{0} f(x)dx + \int_{0}^{\infty} f(x)dx$$

と定義する.

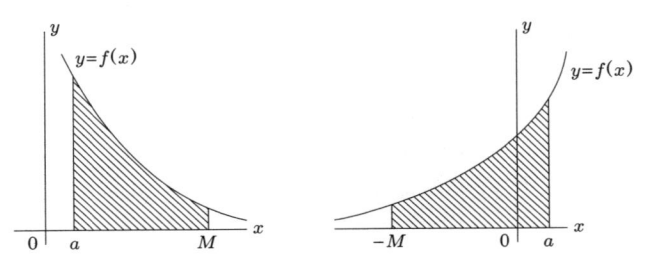

図 2.5

【例題16】 次の広義積分の値を求めよ.

(1) $\displaystyle\int_{1}^{\infty} \frac{dx}{x^2}$ (2) $\displaystyle\int_{0}^{\infty} \frac{1}{x^2+1}dx$

(解) (1) $\displaystyle\int_{1}^{\infty} \frac{dx}{x^2} = \lim_{M\to\infty} \int_{1}^{M} \frac{dx}{x^2} = \lim_{M\to\infty} \left[-\frac{1}{x}\right]_{1}^{M}$

$\displaystyle = \lim_{M\to\infty} \left(1 - \frac{1}{M}\right) = 1$

(2) $\displaystyle\int_{0}^{\infty} \frac{1}{x^2+1}dx = \lim_{M\to\infty} \int_{0}^{M} \frac{1}{x^2+1}dx = \lim_{M\to\infty} \left[\tan^{-1} x\right]_{0}^{M}$

$\displaystyle = \lim_{M\to\infty} \left(\tan^{-1} M - \tan^{-1} 0\right) = \frac{\pi}{2}$

(2.2節の例題4参照)

【例題17】 自然数 n について

$$\Gamma(n) = \int_{0}^{\infty} x^{n-1} e^{-x} dx$$

とおくと, $\Gamma(n) = (n-1)!$ となることを示せ.

証明 $n \geqq 2$ 部分積分を用いると

$$\int_{0}^{M} x^{n-1} e^{-x} dx = \left[-x^{n-1} e^{-x}\right]_{0}^{M} - \int_{0}^{M} -(n-1)x^{n-2} e^{-x} dx$$

$$= \left(-\frac{M^{n-1}}{e^M}\right) + (n-1)\int_0^M x^{n-2}e^{-x}dx$$

ここで $M \to \infty$ とすると,ロピタルの定理から上の式の最初の項は 0 に収束することがいえる.したがって

$$\Gamma(1) = \int_0^\infty e^{-x}dx = \lim_{M\to\infty}\left[-e^{-x}\right]_0^M = 1$$

であることから順に

$$\Gamma(2) = 1 \cdot \Gamma(1) = 1, \qquad \Gamma(3) = 2 \cdot \Gamma(2) = 2 \cdot 1 = 2!$$

を得る.以下同様にして,帰納法により,$\Gamma(n-1) = (n-2)!$ を仮定すると

$$\Gamma(n) = (n-1)\Gamma(n-1) = (n-1) \cdot \{(n-2)!\} = (n-1)! \qquad \square$$

上の例では n を自然数としたが,一般に $s > 0$ について,$\int_0^\infty x^{s-1}e^{-x}dx$ が収束することが知られている.この積分を s の関数と考え $\Gamma(s)$ と表し,**ガンマ関数**という.

広義積分の値の存在について,その値を直接計算せずに,収束が知られている他の積分と比較することによりそれを調べる方法がある.次の定理はそのような判定法の 1 つである.証明は省略するが,2 つの関数 $y = f(x)$ と $y = g(x)$ のグラフの位置関係を考えれば,直観的には明らかであろう.

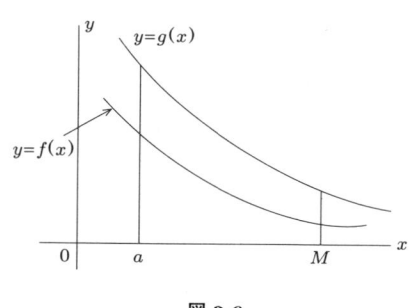

図 2.6

定理 10 $f(x), g(x)$ を $[a, \infty)$ で連続な関数で,すべての $x \geq a$ について,$0 \leq f(x) \leq g(x)$ であるとする.このとき

(1) $\int_a^\infty g(x)dx$ が存在すれば,$\int_a^\infty f(x)dx$ も存在する.

(2) $\int_a^\infty f(x)dx$ が発散すれば,$\int_a^\infty g(x)dx$ も発散する.

2.5 広義積分

【例題18】 次の広義積分は存在するか.

(1) $\displaystyle\int_1^\infty \frac{dx}{\sqrt{1+x^8}}$ (2) $\displaystyle\int_1^\infty \frac{dx}{\sqrt{1+x^2}}$

(**解**) (1) $1+x^8 > x^8$ であるから,次の不等式が成り立つ.

$$\frac{1}{\sqrt{1+x^8}} < \frac{1}{\sqrt{x^8}} = \frac{1}{x^4}$$

ここで

$$\int_1^\infty \frac{dx}{x^4} = \lim_{M\to\infty}\left(\frac{1}{3} - \frac{1}{3M^3}\right) = \frac{1}{3}$$

である.

よって,$\displaystyle\int_1^\infty \frac{dx}{\sqrt{1+x^8}}$ は収束する.

(2) $x \geqq 1$ では $(x+1)^2 \geqq x^2+1$ であるから,次の不等式が成り立つ.

$$\frac{1}{\sqrt{(1+x)^2}} = \frac{1}{x+1} < \frac{1}{\sqrt{x^2+1}} \qquad (x \geqq 1)$$

ここで,

$$\int_1^\infty \frac{dx}{x+1} = \lim_{M\to\infty}[\log(M+1) - \log 2] = \infty$$

である.

よって,$\displaystyle\int_1^\infty \frac{dx}{\sqrt{1+x^2}}$ は発散する. □

節末問題 2.5

1. 次の広義積分の値をを求めよ．

(1) $\displaystyle\int_0^1 \frac{dx}{\sqrt{1-x^2}}$

(2) $\displaystyle\int_1^2 \frac{dx}{(x-1)^{1/3}}$

(3) $\displaystyle\int_0^1 \frac{x^3}{\sqrt{1-x^4}}dx$

(4) $\displaystyle\int_{-1}^1 \frac{dx}{x^{2/3}}$

2. 次の広義積分の値を求めよ．

(1) $\displaystyle\int_4^\infty \frac{2}{x^2-1}dx$

(2) $\displaystyle\int_{-\infty}^2 \frac{dx}{x^2+4}$

(3) $\displaystyle\int_1^\infty \frac{dx}{x(x+1)}$

(4) $\displaystyle\int_1^\infty \frac{x}{(1+x^2)^2}dx$

3. 次の広義積分は存在するか．

(1) $\displaystyle\int_1^\infty \frac{dx}{\sqrt{1+x^3}}$

(2) $\displaystyle\int_1^\infty \frac{x\sqrt{x}}{1+x^2}dx$

(3) $\displaystyle\int_1^\infty \frac{x}{\sqrt{1+x^5}}dx$

(4) $\displaystyle\int_0^\infty \frac{2+\sin x}{x+1}dx$

(答) **1.** (1) $\dfrac{\pi}{2}$ (2) $\dfrac{3}{2}$ (3) $\dfrac{1}{2}$ (4) 6

2. (1) $\log\dfrac{5}{3}$ (2) $\dfrac{3\pi}{8}$ (3) $\log 2$ (4) $\dfrac{1}{4}$

3. (1) 存在する． (2) 存在しない． (3) 存在する． (4) 存在しない．

2.6 積分の応用

2.6.1 曲線の長さ

ここでは $y = f(x)$ $(a \leq x \leq b)$ の表す曲線の長さを求める公式について考える．

まず，区間 $[a,b]$ を n 個の小区間に分割し，
$$\Delta : a = x_0 < x_1 < x_2 < \cdots < x_n = b$$
とする．各 i について，$P_i(x_i, f(x_i))$ は $y = f(x)$ 上の点である．また，2点

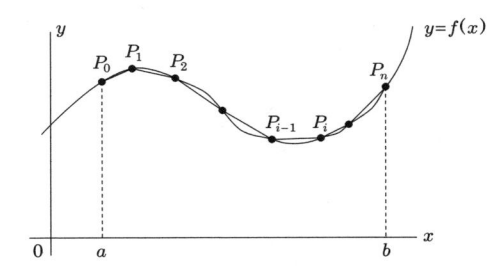

図 2.7

P_{i-1}, P_i を結ぶ線分の長さを $\overline{P_{i-1}P_i}$ で表すと，
$$\overline{P_{i-1}P_i} = \sqrt{(x_i - x_{i-1})^2 + (f(x_i) - f(x_{i-1}))^2}$$
である．ここで平均値の定理により
$$f(x_i) - f(x_{i-1}) = f'(\xi_i)(x_i - x_{i-1})$$
を満たす ξ_i $(x_{i-1} < \xi_i < x_i)$ が存在する．
したがって，
$$\overline{P_{i-1}P_i} = \sqrt{(x_i - x_{i-1})^2 + f'(\xi_i)^2(x_i - x_{i-1})^2}$$
となり，これから $(x_i - x_{i-1})$ をくくりだすことができ，
$$\overline{P_{i-1}P_i} = \sqrt{1 + f'(\xi_i)^2}(x_i - x_{i-1})$$
よって，曲線の $n+1$ 個の点を結んで得られる折れ線の長さは

$$\sum_{i=1}^{n} \overline{P_{i-1}P_i} = \sum_{i=1}^{n} \sqrt{1+f'(\xi_i)^2}(x_i - x_{i-1})$$

となる．ここで，$|\Delta| = \max\{x_i - x_{i-1} | i = 1, 2, ..., n\} \to 0$ とするとき上式が一定の値 l に限りなく近づくならば，その極限値 l を曲線 PQ の長さと定義する．

また，$g(x) = \sqrt{1+f'(x)^2}$ とおくと $g(x)$ は連続であり，上式は

$$\sum_{i=1}^{n} g(\xi_i)(x_i - x_{i-1})$$

となる．したがって，定積分の定義からこの極限値 l は

$$\int_a^b g(x)dx = \int_a^b \sqrt{1+f'(x)^2}dx$$

に等しい．以上のことから次の定理が得られる．

定理 11 $y = f(x)$ $(a \leq x \leq b)$ の表す曲線の長さは
$$\int_a^b \sqrt{1+f'(x)^2}dx$$
で与えられる．

【例題 19】 曲線 $y = 2x\sqrt{x}$ $(0 \leq x \leq 1)$ の部分の長さを求めよ．

(解) $y = 2x\sqrt{x} = 2x^{3/2}$ より
$$y' = 2 \cdot \frac{3}{2} \cdot x^{\frac{3}{2}-1} = 3\sqrt{x}$$
よって，曲線の長さ l は
$$l = \int_0^1 \sqrt{1+(3\sqrt{x})^2}dx = \int_0^1 \sqrt{1+9x}dx$$
ここで $1+9x = t$ とおくと，$dx = \frac{1}{9}dt$
したがって
$$l = \int_1^{10} \frac{1}{9}\sqrt{t}dt = \left[\frac{2}{27}t^{(3/2)}\right]_1^{10} = \frac{2}{27}(10\sqrt{10}-1) \qquad \square$$

2.6.2 微分方程式

独立変数 x，従属変数 y，およびその導関数 $y', y'', \cdots, y^{(n)}$ の間の関係式 $F(x, y, y', \cdots, y^{(n)}) = 0$ を**微分方程式**という．微分方程式に含まれる最高次の導関数が n 次導関数であるとき，**n 階の微分方程式**という．例えば，

$$x^2 y' + 2y = 5x \tag{1}$$

$$y'' + 3y' - 4y = e^x \tag{2}$$

において (1) 式は 1 階の微分方程式であり，(2) 式は 2 階の微分方程式である．(1) 式を満たす x の関数 $y = y(x)$ を微分方程式の**解**といい，解を求めることを微分方程式を**解く**という．ここでは，基本的な 2 種類の微分方程式について，その解法を考える．

変数分離形

$$\frac{dy}{dx} = f(x)g(y) \tag{3}$$

の形の微分方程式を**変数分離形の微分方程式**という．

この形の微分方程式は次のように解くことができる．

まず，与えられた方程式の両辺を $g(y)$ で割ると，

$$\frac{1}{g(y)} \frac{dy}{dx} = f(x)$$

となる．ここで，(3) 式の解を $y = \varphi(x)$ とし，これを左辺に代入すると

$$\frac{1}{g(\varphi(x))} \varphi'(x) = f(x)$$

この両辺を x で積分すると

$$\int \frac{1}{g(y)} \frac{dy}{dx} dx = \int f(x) dx$$

ここで，左辺は関数 $y = \varphi(x)$ を置換の関数に使って積分 $\displaystyle\int \frac{1}{g(y)} dy$ に置換積分をしたものと考えられる．したがって

$$\int \frac{1}{g(y)} dy = \int f(x) dx$$

これが (2) 式の解である．また，上の解法を，形式的に次のように書いてもよい．

与えられた方程式から
$$\frac{1}{g(y)}dy = f(x)dx$$
したがって
$$\int \frac{1}{g(y)}dy = \int f(x)dx$$

【例題20】 次の微分方程式を解け．
$$\frac{dy}{dx} = -\frac{y}{x}$$

(解) 与えられた方程式から
$$\frac{1}{y}dy = -\frac{1}{x}dx, \qquad \int \frac{1}{y}dy = -\int \frac{1}{x}dx$$
したがって
$$\log|y| = -\log|x| + C_1$$
$$= -\log|x| + \log e^{c_1} = \log \frac{e^{c_1}}{|x|}$$
よって
$$|y| = \frac{e^{c_1}}{|x|}$$
ここで，$\pm e^{c_1} = C$ とおくと
$$y = \frac{C}{x} \qquad \Box$$

このような任意定数を含む解を**一般解**という．一般解の任意定数に特別な値を与えて得られる解を**特殊解**という．

【例題21】 次の微分方程式を解け．
$$\frac{dy}{dt} = \alpha(A - y)y$$

(解) この方程式は変数分離形であるから，両辺を $(A-y)y$ で割り次のように表す．

$$\frac{1}{(A-y)y}dy = \alpha dt$$

この両辺を積分すると

$$\int \frac{1}{(A-y)y}dy = \int \alpha dt$$

したがって

$$\int \left(\frac{1}{A}\right)\left(\frac{1}{A-y} + \frac{1}{y}\right) dy = \int \alpha \, dt$$

$$\frac{1}{A}\log\left|\frac{y}{A-y}\right| = \alpha t + C_1, \qquad \log\left|\frac{A-y}{y}\right| = -\alpha At - AC_1$$

$$\frac{A-y}{y} = \pm e^{-AC_1} \cdot e^{-\alpha At}$$

ここで,$\pm e^{-AC_1} = C$ とおき,y について解くと

$$y = \frac{A}{1 + Ce^{-\alpha At}} \qquad □$$

例題 21 の形の微分方程式は**ロジスティック方程式**と呼ばれている.この方程式は人口の増加の予測,生態学,社会学などさまざまな分野で使われている.

1 階線形微分方程式

$$\frac{dy}{dx} + p(x)y = q(x) \tag{4}$$

(4) 式の形の微分方程式は **1 階線形微分方程式**と呼ばれる.

例題 20 の微分方程式 において右辺を左辺に移項すると,$y' + \left(\dfrac{1}{x}\right)y = 0$ となるが,これは (4) の方程式の特別な場合と考えることができる.この方程式で両辺に x を掛けると

$$xy' + y = 0 \tag{5}$$

ここで,積の導関数の公式により,$(xy)' = xy' + (x)'y = xy' + y$
であることに着目すると,(5) 式は

$$(xy)' = 0$$

よって

$$xy = C, \quad y = \frac{C}{x} \quad (C \text{ は定数})$$

このように (4) 式の両辺に適当な関数を掛けることにより,

$$\text{左辺} = (\text{ある } x \text{ の関数})'$$

の形に変形することができれば,両辺を x で積分することにより,与えられた微分方程式の解を求めることができる.そこで,このような手法を用いて (4) 式を解くことを考える.

まず,(4) 式の両辺に $g(x)$ を掛けると

$$y'g(x) + p(x)yg(x) = q(x)g(x) \tag{6}$$

ここで,(6) の左辺 $=(\text{ある } x \text{ の関数})'$ という形になったとすると,$y'g(x)$ の部分から ( ) の中 $= yg(x)$ と予想できる.さらに,$(yg(x))'$ と (6) の左辺とを比べて

$$(yg(x))' = y'g(x) + yg'(x) = y'g(x) + p(x)yg(x)$$

よって

$$g'(x) = p(x)g(x)$$

を満たす $g(x)$ をもとめればよい.これは変数分離形であるから

$$\frac{1}{g}\frac{dg}{dx} = p(x), \quad \int \frac{1}{g}dg = \int p(x)dx \tag{7}$$

$$\log|g(x)| = \int p(x)dx, \quad g(x) = e^{\int p(x)dx}$$

(4) 式の両辺にこの $g(x)$ を掛けると

$$(yg(x))' = q(x)g(x), \quad yg(x) = \int q(x)g(x)dx + C$$

したがって,(4) 式の一般解は

$$y = e^{-\int p(x)dx}\left(\int e^{\int p(x)dx}q(x)dx + C\right)$$

ここで,(4) 式の両辺に掛けた $g(x) = e^{-\int p(x)dx}$ を**積分因子**という.

次の例題で上記の手法を具体的な微分方程式に適用してみよう.

2.6 積分の応用

【例題 22】 次の微分方程式を解け.
$$y' + 2y = 5e^{3x}$$

(解) 与えられた微分方程式の両辺に $g(x)$ を掛けると

$$g(x)y' + 2g(x)y = 5g(x)e^{3x}$$

$(yg)' = y'g + yg' = y'g + 2yg$ より $g' = 2g$

$$\frac{1}{g}\frac{dg}{dx} = 2, \quad \int \frac{1}{g}dg = \int 2dx$$

$\log|g(x)| = 2x + C_1$ より $g(x) = C_2 e^{2x} \quad (C_2 = \pm e^{c_1})$

ここで与えられた微分方程式の両辺に $C_2 e^{2x}$ を掛けると

$$C_2 e^{2x} y' + 2C_2 e^{2x} y = C_2 e^{2x} \cdot 5e^{3x}$$

さらに両辺を C_2 で割ると

$$e^{2x} y' + 2e^{2x} y = (e^{2x} y)' = 5e^{5x}$$

$$e^{2x} y = \int 5e^{5x} dx = e^{5x} + C$$

よって
$$y = e^{3x} + Ce^{-2x} \qquad \square$$

上の例題からわかるように, (7) 式の積分では, 積分定数を省略してよい. また, 実際の計算では次のように計算すればよい.

【例題 23】 次の微分方程式を解け.
$$y' + \frac{2x}{1+x^2} y = \frac{1}{1+x^2}$$

(解) $$\int p(x)dx = \int \frac{2x}{1+x^2} dx = \log(1+x^2)$$

ここで
$$e^{\log(1+x^2)} = 1+x^2, \qquad e^{-\log(1+x^2)} = \frac{1}{1+x^2}$$

であるから
$$\int e^{\int p(x)dx} q(x)dx = \int (1+x^2)\frac{1}{1+x^2}dx = \int 1dx = x + C$$

したがって求める解は

$$y = \frac{1}{1+x^2}(x+C) \qquad \square$$

(**注**) 一般に，対数の定義から $A > 0$ に対して，$e^{\log A} = A$ が成立する．(第1章参照)

節末問題 2.6

1. 次の曲線の長さを求めよ．

(1) $y = \dfrac{1}{3}(x^2+2)^{3/2}$　$(0 \leq x \leq 3)$

(2) $y = \dfrac{1}{3}x^3 + \dfrac{1}{4x}$　$(1 \leq x \leq 3)$

2. 次の微分方程式を解け．

(1) $xy' = 4y$　　　　　　　(2) $y' = e^{3x+2y}$

(3) $y' = (3x^2+1)(y^2+1)$　　(4) $y' + y^2 = 0$

3. 次の微分方程式を解け

(1) $y' + y = e^{3x}$　　　　　(2) $xy' - 4y = x^6 e^x$

(3) $y' - \dfrac{3}{x}y = 4x^6$　　　(4) $y' + \dfrac{y}{x+1} = \dfrac{1}{x^2-1}$

(答)　**1.**　(1)　12　　(2)　$\dfrac{53}{6}$

2.　(1)　$y = Cx^4$　　(2)　$y = \dfrac{1}{2}\log\left(\dfrac{3}{C-2e^{3x}}\right)$

(3)　$y = \tan(x^3 + x + C)$　　(4)　$y = \dfrac{1}{x+C}$

3.　(1)　$y = \dfrac{1}{4}e^{3x} + Ce^{-x}$　　(2)　$y = (x^5 - x^4)e^x + Cx^4$

(3)　$y = x^7 + Cx^3$　　(4)　$y = \dfrac{1}{x+1}\log|x-1| + \dfrac{C}{x+1}$

章末問題 2

1. 次の不定積分を求めよ．

(1) $\displaystyle\int \frac{-2x+4}{(x^2+1)(x-1)^2}dx$

(2) $\displaystyle\int x\sin^{-1}x\,dx$

2. 次の広義積分の値を求めよ．

(1) $\displaystyle\int_{-\infty}^{\log 2} \frac{dx}{e^x+4e^{-x}}$

(2) $\displaystyle\int_{2}^{\infty} \frac{dx}{x(\log x)^2}$

3. 曲線 $y=\log(1-x^2)$ 上の点 $(0,0)$ から点 $(a,\log(1-a^2))$ までの弧の長さを求めよ．

4. 次の微分方程式を解け．

(1) $xy'+2y=xy$

(2) $xy'-y=x^3\cos x$

5. 次の広義積分は存在するか．

$$\int_{1}^{\infty} \frac{1}{\sqrt{4+x^3}}dx$$

(答) **1.** (1) $\log(x^2+1)+\tan^{-1}x-2\log|x-1|-\dfrac{1}{(x-1)}+C$

(2) $\dfrac{1}{2}x^2\sin^{-1}x-\dfrac{1}{4}\sin^{-1}x+\dfrac{1}{4}x\sqrt{1-x^2}+C$

2. (1) $\dfrac{\pi}{8}$ (2) $\dfrac{1}{\log 2}$

3. $-a+\log\dfrac{1+a}{1-a}$

4. (1) $y=\dfrac{Ce^x}{x^2}$ (2) $y=x^2\sin x+x\cos x+Cx$

5. 存在する．

3

偏 微 分

3.1 2 変 数 関 数

3.1.1 2変数関数とそのグラフ

2つの変数 x, y の関数 $z = f(x, y)$ では，xy 平面上の点 $P(x, y)$ が与えられるごとに，$f(x, y)$ と表される値が定まる．点 $P(x, y)$ が動きうる範囲を，この関数の**定義域**という．いま，定義域を D とするとき，

$$\{(x, y, f(x, y)) \mid (x, y) \in D\}$$

によって xyz 空間の図形が定まるが，これを $z = f(x, y)$ の**グラフ**という．これは一般に曲面になるので，以下，特に図形に注目するとき，関数 $z = f(x, y)$ のことを曲面 $z = f(x, y)$ ともいう．

【**例1**】 上半球面 $z = f(x, y) = \sqrt{r^2 - x^2 - y^2}$ (r は正の定数)

定義域は半径 r の円板 $x^2 + y^2 \leqq r^2$ である．これは，半径 r の球面を表す式 $x^2 + y^2 + z^2 = r^2$ を z について解いたときの $z \geqq 0$ の部分に対応する．

□

$F(x, y, z) = x^2 + y^2 + z^2 - r^2$ とおくと，例1の関数について

$$F(x, y, f(x, y)) = 0$$

が成り立つ．このとき，$z = f(x, y)$ は $F(x, y, z) = 0$ で定まる**陰関数**であるという．この場合，$z = -\sqrt{r^2 - x^2 - y^2}$ も $F(x, y, z) = 0$ で定まる陰関数であり，これら2つの陰関数が表す半球面をあわせて球面全体ができている．

次の2つも，$F(x, y, z) = 0$ または $F(x, y, z) = c$ (c は定数) の形に表現さ

【例2】 平面 $F(x,y,z) = ax+by+cz+d = 0$ (a,b,c,d は定数)

(1) $x+2y+3z-6=0$ の場合．この平面の x,y,z 切片は，それぞれ $6,3,2$ なので，$x,y,z \geqq 0$ の範囲でのグラフは図 3.1 のようになる．

(2) $x+y-1=0$ の場合．この式で表される図形は，xy 平面上では直線である．しかし，平面 $x+y-1=0$ といったときには，z の値は自由にとれることを意味し，$x,y,z \geqq 0$ の範囲でのグラフは図 3.2 のようになる． □

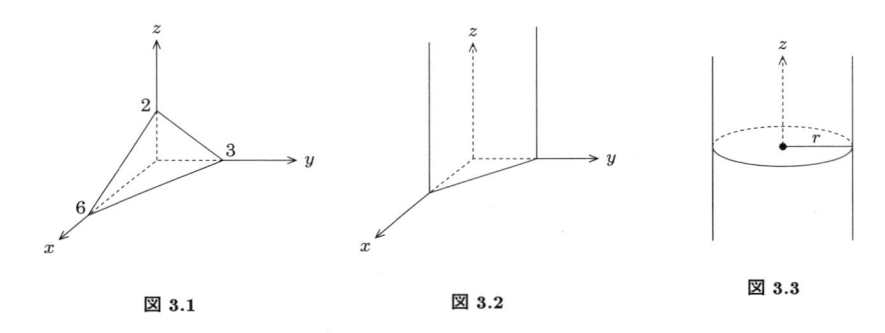

図 3.1　図 3.2　図 3.3

【例3】 円柱面 $F(x,y,z) = x^2+y^2 = r^2$ (r は正の定数)

例2(2)と同様で，円柱面といったときには，xy 平面上の円 $x^2+y^2=r^2$ が z 軸方向に無限に伸びた図形を表し，グラフは図 3.3 のようになる． □

一般に曲面 $z=f(x,y)$ の概形をイメージするための常套手段は，曲面を適当な平面で切った切口を調べることである．いくつかの例でみてみよう．

【例4】 $z = f(x,y) = x^2+y^2$

定義域は xy 平面全体．この曲面の平面 $z=c$ ($c>0$) による切口は円 $x^2+y^2=c$ なので，グラフは図 3.4 のようになる．また，平面 $y=c$ による切口は放物線 $z=x^2+c^2$ であり，これらをつなげて曲面をイメージすることもできる． □

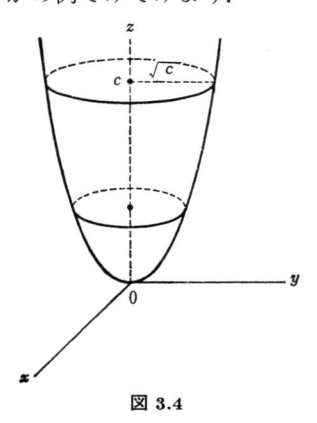

図 3.4

【例5】 $z = f(x,y) = x^2 - y^2$

定義域は xy 平面全体．この曲面の平面 $z = c\,(c \neq 0)$ による切口は双曲線 $x^2 - y^2 = c$ であり，平面 $x = c$ による切口は放物線 $z = c^2 - y^2$．よってグラフは図 3.5 のようになる．

この曲面の平面 $x = 0$ または平面 $y = 0$ による切口は，それぞれ放物線

$$z = -y^2 \quad \text{または} \quad z = x^2$$

である．そして，前者は $y = 0$ のとき z は最大値 0 をとる一方，後者は $x = 0$ のとき z は最小値 0 をとる．このように，原点 $(0,0,0)$ はこの曲面において特徴的な点であり，**鞍点**と呼ばれる． □

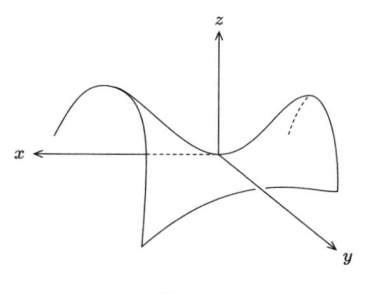

図 3.5

【例6】 $z = f(x,y) = \dfrac{1}{x^2 + y^2}$

定義域は原点以外の全平面．平面 $z = c\,(c > 0)$ による切口は半径 $1/\sqrt{c}$ の円 $x^2 + y^2 = 1/c$ だから，曲面のグラフは図 3.6 のようになる． □

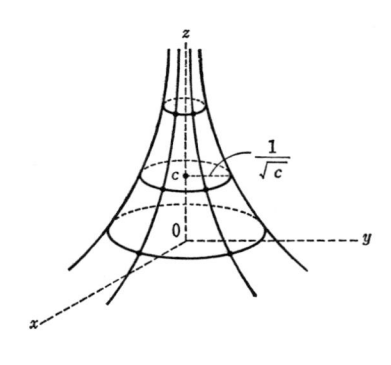

図 3.6

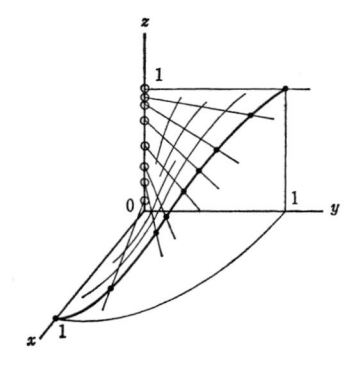

図 3.7

【例7】 $z = f(x,y) = \dfrac{y}{\sqrt{x^2+y^2}}$

定義域は原点以外の全平面.$x, y \geqq 0$ の範囲でグラフを考えてみよう.平面 $y = mx$ $(m > 0)$ による切口は半直線

$$(x, y, z) = \left(x, mx, \dfrac{m}{\sqrt{1+m^2}}\right) \quad (x > 0)$$

また,円柱面 $x^2 + y^2 = r^2$ $(r > 0)$ による切口は,

$$x = r\cos\theta, \quad y = r\sin\theta \quad \left(0 \leqq \theta \leqq \dfrac{\pi}{2}\right)$$

と表すことで $z = \sin\theta$.以上より,グラフは図3.7のようになる. □

3.1.2 極限と連続

例4~7において,(x,y) が原点に近づくとき,$f(x,y)$ の値がどのような振舞いをするか調べてみよう.まず,例4と例5では,(x,y) がどのように原点に近づいても $f(x,y)$ の値は 0 に近づくことがわかる.一方,例6では $f(x,y)$ の値はどんどん大きくなって無限大に発散する.また,例7では (x,y) が半直線上を原点に近づくとき,半直線の傾きが違えば近づく値も異なっている.

一般に関数 $z = f(x,y)$ が点 $A(a,b)$ の近く(ただし点 A は除く)で定義されているとしよう.xy 平面上の動点 $P(x,y)$ の点 $A(a,b)$ への近づき方にはいろいろあるが,どのような近づき方をしても値 $f(x,y)$ が一定の値 c に限りなく近づくとき,

$$\lim_{(x,y) \to (a,b)} f(x,y) = c \quad \text{または} \quad \lim_{P \to A} f(P) = c$$

と書き,P が A に近づくときの $f(x,y)$ の**極限値**は c であるという.

この定義によれば,例4と例5については (x,y) が原点に近づくときの $f(x,y)$ の極限値は 0 であり,例6と例7については同様の状況で極限値は存在しない.

極限の概念を使って,関数 $z = f(x,y)$ が点 (a,b) で**連続**であることを,$f(x,y)$ が (a,b) で定義されていて,かつ

$$\lim_{(x,y) \to (a,b)} f(x,y) = f(a,b)$$

が成り立つことと定義する．これは曲面 $z = f(x,y)$ が点 (a,b) でつながっていることを意味する．

例 4, 5 の関数は原点 $(0,0)$ で連続である．

例 6, 7 の関数は原点 $(0,0)$ で値が定義されていないから，そこで連続ではない．

【例 8】 $f(x,y) = \dfrac{xy}{\sqrt{x^2+y^2}}$

この関数は原点 $(0,0)$ で定義されていないが，$x = r\cos\theta,\ y = r\sin\theta$ とおくと

$$f(r\cos\theta, r\sin\theta) = r\cos\theta\sin\theta$$

より，原点での極限値は 0 である．そこで新しい関数 $g(x,y)$ を

$$g(x,y) = \begin{cases} f(x,y) & (x,y) \neq (0,0) \\ 0 & (x,y) = (0,0) \end{cases}$$

によって定めると，$g(x,y)$ は原点 $(0,0)$ で連続である．

節末問題 3.1

1. 次のグラフを描け.

(1) 平面 $2x+y+4z-4=0$ の $x,y,z \geqq 0$ にある部分.

(2) 平面 $y+z-1=0$ の $x,y,z \geqq 0$ にある部分.

(3) 円柱面 $x^2+z^2-4=0$ の $x,y,z \geqq 0$ にある部分.

(4) 関数 $z=f(x,y)=x^2$ の $0 \leqq x,y \leqq 1$ で定義される部分.

(5) 関数 $z=f(x,y)=x-y^2$ の $z \geqq 0$ を満たす部分.

2. 次の関数の $(0,0)$ における連続性を調べよ.

(1) $f(x,y) = \begin{cases} \dfrac{x^2-y^2}{\sqrt{x^2+y^2}} & (x,y) \neq (0,0) \\ 0 & (x,y) = (0,0) \end{cases}$

(2) $f(x,y) = \begin{cases} \dfrac{xy^2}{x^2+y^4} & (x,y) \neq (0,0) \\ 0 & (x,y) = (0,0) \end{cases}$

(3) $f(x,y) = \begin{cases} x \sin \dfrac{y}{x} & (x \neq 0) \\ 0 & (x = 0) \end{cases}$

(答) **1**.

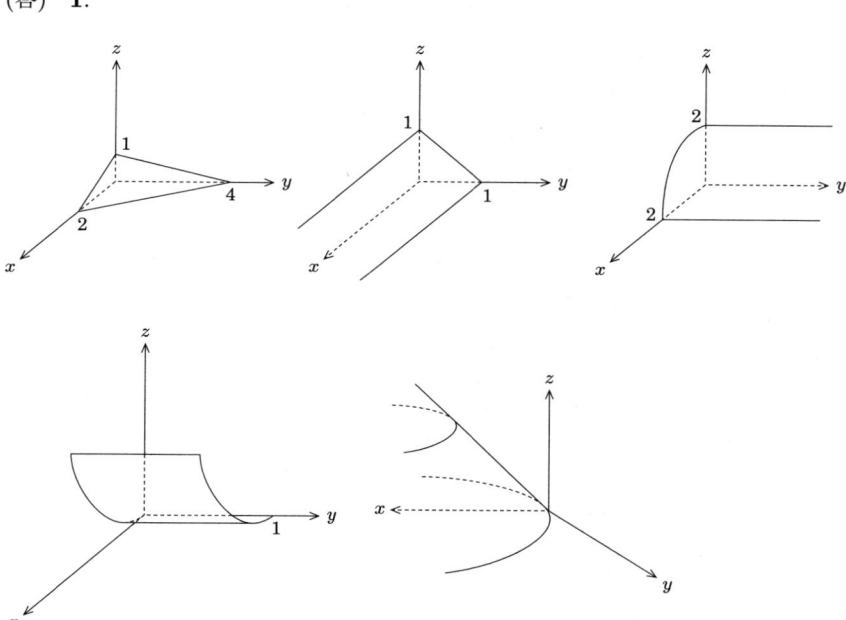

2. (1) 連続 (2) $f(x, m\sqrt{x}) = m^2/(1+m^4)$ より連続ではない.

3.2 偏微分と全微分

3.2.1 偏 導 関 数

2 変数関数 $z = f(x,y)$ および点 (a,b) について

$$\lim_{h \to 0} \frac{f(a+h,b) - f(a,b)}{h} \quad \bigg| \quad \lim_{h \to 0} \frac{f(a,b+h) - f(a,b)}{h}$$

が存在するとき，$f(x,y)$ は点 (a,b) において

x について**偏微分可能** $\quad | \quad$ y について**偏微分可能**

であるという．また，この極限値を

$$f_x(a,b) \quad | \quad f_y(a,b)$$

で表し，$f(x,y)$ の点 (a,b) における

x についての**偏微分係数** $\quad | \quad$ y についての**偏微分係数**

と呼ぶ．$f_x(a,b)$ は x の関数 $z = f(x,b)$ の $x = a$ での微分係数であり，$f_y(a,b)$ は y の関数 $z = f(a,y)$ の $y = b$ での微分係数である．

$f_x(a,b)$ および $f_y(a,b)$ は点 (a,b) を与えるごとに定まるので，(a,b) を (x,y) におきかえて x,y の 2 変数関数が得られる．これらを $f(x,y)$ の

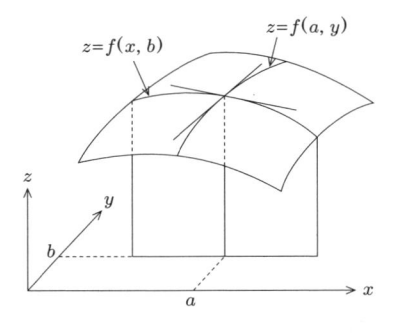

x についての**偏導関数** $\quad | \quad$ y についての**偏導関数**

図 3.8

と呼び

$$f_x(x,y),\ \frac{\partial f}{\partial x},\ z_x,\ \frac{\partial z}{\partial x} \quad \bigg| \quad f_y(x,y),\ \frac{\partial f}{\partial y},\ z_y,\ \frac{\partial z}{\partial y}$$

などと表す．

偏導関数の定義より, $f_x(x,y)$ を計算するときは, y を定数とみて, $f(x,y)$ を x の 1 変数関数と考えて x で微分すればよく, 同様に, $f_y(x,y)$ を計算するときは, x を定数とみて, $f(x,y)$ を y の 1 変数関数と考えて y で微分すればよい.

【例 9】 $z = x^2y + x - y$ のとき $z_x = 2xy + 1$, $z_y = x^2 - 1$
$z = \sin(x + 2y)$ のとき $z_x = \cos(x + 2y)$, $z_y = 2\cos(x + 2y)$ □

3.2.2 全微分可能性と接平面

1 変数関数が微分可能であることの定義をモデルにして, 2 変数関数が全微分可能であることの定義を述べる. $y = f(x)$ が $x = a$ で微分可能であるとき

$$\frac{f(a+h) - f(a)}{h} = A + \varepsilon, \quad A = f'(a) \tag{1}$$

とおくと, $h \to 0$ のとき $\varepsilon \to 0$ である. 点 $(a, f(a))$ を通り, 傾きが $A = f'(a)$ の直線

$$y - f(a) = A(x - a) \tag{2}$$

が, $y = f(x)$ の点 $(a, f(a))$ における接線であった. (1) 式の両辺に h を掛けると

$$f(a+h) - f(a) = Ah + \varepsilon h \tag{3}$$

となるが, これを

$$f(a+h) - \{f(a) + Ah\} = \varepsilon h$$

と書きかえるとわかるように, $x = a+h$ での曲線 $y = f(x)$ の y 座標 $f(a+h)$ と接線の y 座標 $f(a)+Ah$ の差が εh である. ここで $|h|$ が 2 点 $(a, 0), (a+h, 0)$ の間の距離であることに注意する.

以上をまとめると, $y = f(x)$ が $x = a$ で微分可能であることを, 次の性質を満たす定数 A が存在することと定義できる: 曲線 $y = f(x)$ と (2) 式で表される直線との $x = a+h$ での y 座標の差を εh と表したとき, $h \to 0$ のとき $\varepsilon \to 0$ を満たす. つまり点 $(a, f(a))$ の近くで曲線 $y = f(x)$ に近い直線の存在を, 近さの度合をこめて保証するのが微分可能の定義である.

いま述べたことを直線を平面におきかえて考えてみよう. 曲面 $z = f(x, y)$

上の点 $(a, b, f(a,b))$ を通る平面の一般式は

$$z - f(a,b) = A(x-a) + B(y-b)$$

である．ここで，$(x,y) = (a+h, y+k)$ での曲面 $z = f(x,y)$ の z 座標と上記の平面の z 座標の差

$$f(a+h, b+k) - \{f(a,b) + Ah + Bk\}$$

を $\varepsilon\sqrt{h^2 + k^2}$ と表す．このとき，

$$\Delta z = f(a+h, b+k) - f(a,b)$$

とおいて上式を書きかえると

$$\Delta z = Ah + Bk + \varepsilon\sqrt{h^2 + k^2} \tag{4}$$

となり，これは (3) 式に対応する式である．以上より，1 変数関数の微分可能の定義に対応する次の定義に導かれる：ある定数 A, B があって，z の増分 Δz を (4) とおくと

$$(h,k) \to 0 \quad \text{のとき} \quad \varepsilon \to 0 \tag{5}$$

を満たすなら，$z = f(x,y)$ は (a,b) で**全微分可能**であるという．

定理 1 $z = f(x,y)$ は (a,b) で全微分可能であるとする．このとき
1. $z = f(x,y)$ は (a,b) で連続．
2. $z = f(x,y)$ は (a,b) で x, y について偏微分可能で，(4) 式において

$$A = f_x(a,b) \quad \text{および} \quad B = f_y(a,b)$$

証明
1. (4) 式と (5) 式より

$$(h,k) \to 0 \quad \text{とするとき} \quad f(a+h, b+k) \to f(a,b)$$

よって，連続の定義より $z = f(x,y)$ は (a,b) で連続．

2. (4) 式において $k = 0$ とすると

$$f(a+h, b) - f(a,b) = Ah + \varepsilon h$$

これより

$$\frac{f(a+h, b) - f(a,b)}{h} = A + \varepsilon$$

よって (5) 式より

$$\lim_{h \to 0} \frac{f(a+h, b) - f(a,b)}{h} = A$$

すなわち $z = f(x,y)$ は (a,b) で x について偏微分可能で，$A = f_x(a,b)$ が成り立つ．(4) 式において $h = 0$ として同様の議論をすると，y についての主張が得られる． ∎

次の定理は全微分可能性を調べるのに便利である．(証明略)

定理 2　$z = f(x,y)$ が x, y について偏微分可能で，偏導関数が (a,b) で連続なら，$z = f(x,y)$ は (a,b) で全微分可能である．

$z = f(x,y)$ が (a,b) で全微分可能であるとき，平面

$$z - f(a,b) = f_x(a,b)(x-a) + f_y(a,b)(y-b)$$

は，点 $(a, b, f(a,b))$ の近くで曲面 $z = f(x,y)$ に非常に近い．この平面を点 $(a, b, f(a,b))$ における曲面 $z = f(x,y)$ の**接平面**と呼ぶ．

ここで (a,b) を (x,y) におきかえ，点 $(x, y, f(x,y))$ を原点とする座標 dx, dy, dz を，それぞれ x 軸，y 軸，z 軸に平行にとる．このとき，点 $(x, y, f(x,y))$ における接平面は dx, dy, dz 座標を使って

$$dz = f_x(x,y)dx + f_y(x,y)dy$$

と表すことができる．この式を z の**全微分**と呼ぶ．これは dx, dy が小さいときに $f(x+dx, y+dy)$ をよく近似する量である．

【例 10】　上半球面を表す関数 $z = f(x,y) = \sqrt{1 - x^2 - y^2}\ (0 < x, y < 1)$

の点 $(a, b, f(a, b))$ での接平面を求めよ．

(解)

$$f_x(x, y) = -\frac{x}{\sqrt{1 - x^2 - y^2}} \quad \text{および} \quad f_y(x, y) = -\frac{y}{\sqrt{1 - x^2 - y^2}}$$

より

$$z - f(a, b) = -\frac{a}{\sqrt{1 - a^2 - b^2}}(x - a) - \frac{b}{\sqrt{1 - a^2 - b^2}}(y - b)$$

あるいは，両辺に $f(a, b)$ を掛けて整理して

$$ax + by + cz = 1 \qquad (c = f(a, b)) \qquad \square$$

変数が 3 つ以上ある関数についても，いままで述べたことと同様のことを考えることができる．たとえば，3 つの変数 x, y, z の関数 $w = f(x, y, z)$ について

$$\lim_{h \to 0} \frac{f(a + h, b, c) - f(a, b, c)}{h}$$

が存在するとき，$w = f(x, y, z)$ は点 (a, b, c) で x について偏微分可能であるという．また，この極限値を $f_x(a, b, c)$ で表し，$w = f(x, y, z)$ の点 (a, b, c) における x についての偏微分係数と呼ぶ．さらに，(a, b, c) を (x, y, z) におきかえて得られる 3 変数関数を $w = f(x, y, z)$ の x についての偏導関数と呼び，

$$f_x(x, y, z), \quad \frac{\partial f}{\partial x}, \quad w_x, \quad \frac{\partial w}{\partial x}$$

などと表す．y および z についても同様の定義がなされる．全微分可能性も，Δw に対応する項を考慮して 2 変数の場合と同様に定義される．

【例11】 $w = f(x, y, z) = \sin(x + 2y + 3z)$ について

$$w_x = \cos(x + 2y + 3z), \quad w_y = 2\cos(x + 2y + 3z), \quad w_z = 3\cos(x + 2y + 3z)$$

$\square$

節末問題 3.2

1. 次の関数の偏導関数を求めよ．
(1) $z = x^3 + 2xy^2 + 3y^3$
(2) $z = \dfrac{xy}{x-y}$
(3) $z = x^2\sqrt{1-y^2}$
(4) $z = \cos(x^2 + xy)$
(5) $z = xye^{xy}$
(6) $z = x\log(x+y)$
(7) $z = \sin^{-1} x^2 y$
(8) $\tan^{-1} \dfrac{y}{x}$

2. 次の曲面の与えられた点での接平面の方程式を求めよ．
(1) 曲面 $z = f(x,y) = x^2 - xy + 2y^2$，点 $(1,2,7)$
(2) 曲面 $z = f(x,y) = \sqrt{x^2 + y^2 + 4}$，点 $(1,2,3)$

(答) **1.** (1) $z_x = 3x^2 + 2y^2$, $z_y = 4xy + 9y^2$

(2) $z_x = -\dfrac{y^2}{(x-y)^2}$, $z_y = \dfrac{x^2}{(x-y)^2}$

(3) $z_x = 2x\sqrt{1-y^2}$, $z_y = -\dfrac{x^2 y}{\sqrt{1-y^2}}$

(4) $z_x = -(2x+y)\sin(x^2+xy)$, $z_y = -x\sin(x^2+xy)$

(5) $z_x = y(xy+1)e^{xy}$, $z_y = x(xy+1)e^{xy}$

(6) $z_x = \log(x+y) + \dfrac{x}{x+y}$, $z_y = \dfrac{x}{x+y}$

(7) $z_x = \dfrac{2xy}{\sqrt{1-x^4 y^2}}$, $z_y = \dfrac{x^2}{\sqrt{1-x^4 y^2}}$

(8) $z_x = -\dfrac{y}{x^2+y^2}$, $z_y = \dfrac{x}{x^2+y^2}$

2. (1) $7y - z - 7 = 0$ (2) $x + 2y - 3z + 4 = 0$

3.3　合成関数の微分

1変数関数について合成関数を考えたように，変数 x, y を別の関数でおきかえることにより，2変数関数の場合にも合成関数を考えることができる．ここでは，このようにして得られる合成関数の微分（偏微分）公式を証明する．

まず，変数 x, y に1変数関数を代入したとき次の公式が成り立つ．

> **定理3** （合成関数の微分）　$z = f(x,y)$ は全微分可能，$x = \phi(t)$，$y = \psi(t)$ は微分可能であるとき，合成関数 $z = f(\phi(t), \psi(t))$ は t で微分可能で
> $$\frac{dz}{dt} = \frac{\partial z}{\partial x}\frac{dx}{dt} + \frac{\partial z}{\partial y}\frac{dy}{dt}$$

証明　t の増分を Δt としたときの x, y, z の増分を，それぞれ $\Delta x, \Delta y, \Delta z$ とする．すなわち

$$\Delta x = \phi(t + \Delta t) - \phi(t), \quad \Delta y = \psi(t + \Delta t) - \psi(t)$$

$$\Delta z = f(\phi(t + \Delta t), \psi(t + \Delta t)) - f(\phi(t), \psi(t))$$

このとき

$$\Delta z = f(x + \Delta x, y + \Delta y) - f(x, y)$$

と書けるので，$f(x, y)$ の全微分可能性より

$$\Delta z = f_x(x,y)\Delta x + f_y(x,y)\Delta y + \varepsilon\sqrt{(\Delta x)^2 + (\Delta y)^2}$$

ただし，ε は $(\Delta x, \Delta y) \to (0,0)$ のとき $\varepsilon \to 0$ を満たす量である．ここで $\phi(t), \psi(t)$ の微分可能性より

$$\Delta t \to 0 \quad \text{のとき} \quad \Delta x \to 0,\ \Delta y \to 0,\ \frac{\Delta x}{\Delta t} \to \frac{dx}{dt},\ \frac{\Delta y}{\Delta t} \to \frac{dy}{dt}$$

なので，

3.3 合成関数の微分

$$\frac{\Delta z}{\Delta t} = f_x(x,y)\frac{\Delta x}{\Delta t} + f_y(x,y)\frac{\Delta y}{\Delta t} \pm \varepsilon\sqrt{\left(\frac{\Delta x}{\Delta t}\right)^2 + \left(\frac{\Delta y}{\Delta t}\right)^2}$$

において $\Delta t \to 0$ として求める式が得られる．∎

【例12】 $z = x^2 + y^2, \quad x = e^t \cos t, \quad y = e^t \sin t$ のとき

$$z = e^{2t}(\cos^2 t + \sin^2 t) = e^{2t} \quad \text{より} \quad \frac{dz}{dt} = 2e^{2t}$$

定理 3 を用いた解は次の通り．$z_x = 2x, z_y = 2y$ はともに連続であるから，定理 2 より z は全微分可能．よって定理 3 より

$$\frac{dz}{dt} = 2x(e^t \cos t - e^t \sin t) + 2y(e^t \sin t + e^t \cos t) = 2e^{2t} \qquad \square$$

【例13】 単位円の上半分を表す関数 $y = f(x) = \sqrt{1-x^2}\ (-1 < x < 1)$ について

$$y' = f'(x) = -\frac{x}{\sqrt{1-x^2}}$$

これは次のようにしても計算できる．$y = f(x)$ は $x^2 + y^2 - 1 = 0$ を満たすので，この両辺を x で微分して

$$2x + 2yy' = 0 \quad \text{より} \quad y' = -\frac{x}{y} = -\frac{x}{\sqrt{1-x^2}}$$

また，$F(x,y) = x^2 + y^2 - 1$ とおくと $F(x,f(x)) = 0$ を満たすので，定理 3 より

$$F_x(x, f(x)) \cdot 1 + F_y(x, f(x)) f'(x) = 0 \tag{6}$$

$F_x = 2x, F_y = 2y$ に注意すれば，この式からも $f'(x)$ が求まる．$\square$

【例14】 例 13 の一般化．$F(x,y)$ は全微分可能，$f(x)$ は微分可能とする．関数 $y = f(x)$ が $F(x,f(x)) = 0$ を満たすとき，すなわち $F(x,y) = 0$ で定まる**陰関数**のとき，(6) 式より

$$y' = f'(x) = -\frac{F_x(x, f(x))}{F_y(x, f(x))} \qquad (F_y(x, f(x)) \neq 0)$$

よって $F_y(a,b) \neq 0, b = f(a)$ のとき，点 (a,b) での曲線 $y = f(x)$ の接線の方程式を

$$F_x(a,b)(x-a) + F_y(a,b)(y-b) = 0$$

と表すことができる．実際，接線の方程式は

$$y - b = f'(a)(x - a)$$

だから，これに

$$f'(a) = -\frac{F_x(a,b)}{F_y(a,b)}$$

を代入してから，両辺に $F_y(a,b)$ を掛けて整理すればよい． □

【例15】 全微分可能な関数 $z = f(x,y)$ において

$$x = a + ht, \quad y = b + kt \quad (a,b,h,k \text{ は定数})$$

とするとき

$$\frac{dz}{dt} = f_x(a+ht, b+kt)h + f_y(a+ht, b+kt)k$$

$h^2 + k^2 = 1$ のとき，$t = 0$ での値

$$\left.\frac{dz}{dt}\right|_{t=0} = f_x(a,b)h + f_y(a,b)k$$

を，点 (a,b) における $z = f(x,y)$ のベクトル (h,k) 方向の**方向微分係数**という．$(h,k) = (1,0), (0,1)$ の場合が，それぞれ x, y についての偏微分係数である． □

変数 x, y に2変数関数を代入した場合には次の公式が成り立つ．

定理4 （**合成関数の偏微分**）　$z = f(x,y)$ は全微分可能，$x = \phi(u,v)$，$y = \psi(u,v)$ はともに u, v について偏微分可能であるとき，合成関数 $z = f(\phi(u,v), \psi(u,v))$ は u, v について偏微分可能で

$$\frac{\partial z}{\partial u} = \frac{\partial z}{\partial x}\frac{\partial x}{\partial u} + \frac{\partial z}{\partial y}\frac{\partial y}{\partial u}, \quad \frac{\partial z}{\partial v} = \frac{\partial z}{\partial x}\frac{\partial x}{\partial v} + \frac{\partial z}{\partial y}\frac{\partial y}{\partial v}$$

証明　$\partial z / \partial u$ については，v を定数と見なして u の1変数関数に定理3を

適用すればよい．$\partial z/\partial v$ についても同様． ∎

【例 16】 $z = f(x,y) = x^2 + y^2$, $x = 2u + 3v$, $y = 3u - 2v$ のとき

$$z = (2u+3v)^2 + (3u-2v)^2 = 13(u^2+v^2) \quad \text{より} \quad z_u = 26u,\ z_v = 26v$$

定理 4 を用いた解は次の通り．$z_x = 2x, z_y = 2y$ はともに連続であるから，定理 2 より z は全微分可能．よって定理 4 より

$$z_u = 2x \cdot 2 + 2y \cdot 3 = 26u \quad \text{および} \quad z_v = 2x \cdot 3 + 2y \cdot (-2) = 26v \quad □$$

【例 17】 $z = f(x,y)$ は全微分可能，$x = r\cos\theta$, $y = r\sin\theta$ のとき

$$z_r = \cos\theta \frac{\partial f}{\partial x} + \sin\theta \frac{\partial f}{\partial y} \quad \text{および} \quad z_\theta = -r\sin\theta \frac{\partial f}{\partial x} + r\cos\theta \frac{\partial f}{\partial y} \quad □$$

変数が 3 つ以上の関数についても，合成関数の微分（偏微分）公式が成り立つ．たとえば

$$w = f(x,y,z),\ x = g_1(u,v),\ y = g_2(u,v),\ z = g_3(u,v)$$

のとき，f が全微分可能，g_1, g_2, g_3 が u, v について偏微分可能なら，合成関数 $w = f(g_1(u,v), g_2(u,v), g_3(u,v))$ は u, v について偏微分可能で

$$\frac{\partial w}{\partial u} = \frac{\partial w}{\partial x}\frac{\partial x}{\partial u} + \frac{\partial w}{\partial y}\frac{\partial y}{\partial u} + \frac{\partial w}{\partial z}\frac{\partial z}{\partial u},\quad \frac{\partial w}{\partial v} = \frac{\partial w}{\partial x}\frac{\partial x}{\partial v} + \frac{\partial w}{\partial y}\frac{\partial y}{\partial v} + \frac{\partial w}{\partial z}\frac{\partial z}{\partial v}$$

節末問題 3.3

1. 次の関数関係から dz/dt を求めよ．
(1) $z = x^2 - 3y^2$, $x = \cos t$, $y = \sin 2t$
(2) $z = \dfrac{x - 2y}{x + 2y}$, $x = 2t + 1$, $y = t - 3$

2. 次の関数関係から $\partial z/\partial u$, $\partial z/\partial v$ を求めよ．
(1) $z = x^2 + 2y^2$, $x = u + v$, $y = uv$
(2) $z = \tan^{-1} \dfrac{y}{x}$, $x = u + 2v$, $y = 2u - v$

3. $y = f(x) = \sqrt{x^2 + x + 2}$ が $y^2 = x^2 + x + 2$ を満たすことを使って，曲線 $y = f(x)$ の点 $(1, 2)$ での接線の方程式を求めよ．

4. 点 $(1/2, 1/2)$ における $z = f(x, y) = \sqrt{1 - x^2 - y^2}$ のベクトル $(1/\sqrt{2}, 1/\sqrt{2})$ 方向の方向微分係数を求めよ．

（答）**1.** (1) $\dfrac{dz}{dt} = -\sin 2t - 6 \sin 4t$　(2) $\dfrac{dz}{dt} = -\dfrac{28}{(4t - 5)^2}$

2. (1) $z_u = 2u + 2v + 4uv^2$, $z_v = 2u + 2v + 4u^2 v$
(2) $z_u = \dfrac{v}{u^2 + v^2}$, $z_v = -\dfrac{u}{u^2 + v^2}$

3. $3x - 4y + 5 = 0$

4. -1

3.4　高階偏導関数とテーラーの定理

3.4.1　高階偏導関数

関数 $z = f(x, y)$ の偏導関数 $f_x(x, y), f_y(x, y)$ が x, y について偏微分可能であるとき，f_x, f_y の偏導関数

$$\frac{\partial f_x}{\partial x}, \frac{\partial f_x}{\partial y} \quad \text{および} \quad \frac{\partial f_y}{\partial x}, \frac{\partial f_y}{\partial y}$$

を考えることができる．これらを $z = f(x, y)$ の **2 階偏導関数**といい，それぞれ

$$f_{xx}(x,y), \frac{\partial^2 f}{\partial x^2}, z_{xx}, \frac{\partial^2 z}{\partial x^2} \quad ; \quad f_{xy}(x,y), \frac{\partial^2 f}{\partial y \partial x}, z_{xy}, \frac{\partial^2 z}{\partial y \partial x}$$

$$f_{yx}(x,y), \frac{\partial^2 f}{\partial x \partial y}, z_{yx}, \frac{\partial^2 z}{\partial x \partial y} \quad ; \quad f_{yy}(x,y), \frac{\partial^2 f}{\partial y^2}, z_{yy}, \frac{\partial^2 z}{\partial y^2}$$

などと表す．

【例18】　$z = x^3 y^4$ のとき $z_x = 3x^2 y^4, z_y = 4x^3 y^3$．よって

$$z_{xx} = 6xy^4, \quad z_{xy} = 12x^2 y^3, \quad z_{yx} = 12x^2 y^3, \quad z_{yy} = 12x^2 y^2$$

ここで $z_{xy} = z_{yx}$ に注意する．一般に $z = x^m y^n$ について

$$z_{xy} = z_{yx} = mn x^{m-1} y^{n-1}$$

が成り立つので，任意の多項式 $f(x, y)$ について $f_{xy} = f_{yx}$ が成り立つ．　□

次の定理は，一般の 2 変数関数 $z = f(x, y)$ について $f_{xy} = f_{yx}$ が成り立つための十分条件を与える．(証明略)

定理5　（シュワルツの定理）　f_{xy}, f_{yx} が存在して連続なら $f_{xy} = f_{yx}$

---

2 階偏導関数が偏微分可能であれば，それらを偏微分して新しい関数

$$\frac{\partial}{\partial x} f_{xx}, \frac{\partial}{\partial y} f_{xx}, \frac{\partial}{\partial x} f_{xy}, \frac{\partial}{\partial y} f_{xy}, \frac{\partial}{\partial x} f_{yx}, \frac{\partial}{\partial y} f_{yx}, \frac{\partial}{\partial x} f_{yy}, \frac{\partial}{\partial y} f_{yy}$$

ができる．これら 8 個の関数を

$$f_{xxx},\ f_{xxy},\ f_{xyx},\ f_{xyy},\ f_{yxx},\ f_{yxy},\ f_{yyx},\ f_{yyy}$$

とも書き，$z = f(x, y)$ の **3 階偏導関数**という．

【例19】 $z = f(x, y)$ の 3 階偏導関数がすべて連続なら

$$f_{xxy} = f_{xyx} = f_{yxx}, \qquad f_{xyy} = f_{yxy} = f_{yyx}$$

すなわち，3 階偏導関数は x で偏微分した回数と y で偏微分した回数だけで決まり，相異なるものは 4 つである．それらを x で偏微分した回数，y で偏微分した回数を明記して

$$\frac{\partial^3 f}{\partial x^3},\quad \frac{\partial^3 f}{\partial x^2 \partial y},\quad \frac{\partial^3 f}{\partial x \partial y^2},\quad \frac{\partial^3 f}{\partial y^3}$$

と表す． □

偏導関数から 2 階偏導関数を，2 階偏導関数から 3 階偏導関数を定義したように，帰納的に **n 階偏導関数**を定義することができる．$z = f(x, y)$ が n 階まで偏微分できて n 階偏導関数がすべて連続のとき，**n 回連続微分可能である**という．このとき n 階までの偏導関数はすべて連続で，しかも，それらは x で偏微分した回数と y で偏微分した回数だけで決まることを示すことができる．よって，相異なる n 階偏導関数は $n + 1$ 個になり，それらを

$$\frac{\partial^n f}{\partial x^n},\ \frac{\partial^n f}{\partial x^{n-1} \partial y},\ \cdots,\ \frac{\partial^n f}{\partial x^{n-r} \partial y^r},\ \cdots,\ \frac{\partial^n f}{\partial x \partial y^{n-1}},\ \cdots,\ \frac{\partial^n f}{\partial y^n}$$

と表す．

【例20】 n 回連続微分可能な関数 $f(x, y)$ について

$$F(t) = f(a + ht, b + kt) \quad (a, b, h, k \text{ は定数})$$

とおくとき

$$F^{(n)}(t) = \sum_{i=0}^{n} {}_n C_i \frac{\partial^n f}{\partial x^{n-i} \partial y^i}(a + ht, b + kt) \cdot h^{n-i} k^i$$

ここに，${}_n C_i = \dfrac{n!}{(n-i)! i!}$ である．

証明 $n=1$ の場合は前節例 15 である．$n=2$ の場合は，$f_x(a+ht,b+kt)$ および $f_y(a+ht,b+kt)$ に定理 3 を適用して

$$\frac{d}{dt}f_x(a+ht,b+kt) = f_{xx}(a+ht,b+kt)h + f_{xy}(a+ht,b+kt)k$$

$$\frac{d}{dt}f_y(a+ht,b+kt) = f_{yx}(a+ht,b+kt)h + f_{yy}(a+ht,b+kt)k$$

となるから，これらを

$$F''(t) = \frac{d}{dt}f_x(a+ht,b+kt)h + \frac{d}{dt}f_y(a+ht,b+kt)k$$

に代入して，$f_{xy} = f_{yx}$ に注意してまとめればよい．一般の場合は n についての帰納法で証明できる． □

3.4.2 テーラーの定理

$f(x,y)$ が x, y の多項式のとき，その各項について x と y の指数の和を考え，それらの最大値を $f(x,y)$ の次数という．ここでは与えられた関数 $f(x,y)$ を与えられた点 (a,b) の近くで，$x-a$ と $y-b$ の多項式で近似することを考える．

【例21】 $f(x,y)$ が n 次多項式のとき

$$f(x,y) = f(a,b) + \frac{1}{1!}f_1(x,y) + \frac{1}{2!}f_2(x,y) + \cdots \frac{1}{n!}f_n(x,y) \qquad (7)$$

が成り立つ．ただし

$$f_j(x,y) = \sum_{i=0}^{j} {}_j C_i \frac{\partial^j f}{\partial x^{j-i} \partial y^i}(a,b) \cdot (x-a)^{j-i}(y-b)^i \qquad (j=1,2,...,n)$$

証明 $x = a+ht, y = b+kt$ とおいて，t の関数 $F(t) = f(a+ht,b+kt)$ を考える．これについて，第 1 章の定理 4 より

$$F(t) = F(0) + \frac{1}{1!}F'(0)t + \frac{1}{2!}F''(0)t^2 + \cdots + \frac{1}{n!}F^{(n)}(0)t^n \qquad (8)$$

($F^{(n+1)}(t) = 0$ に注意) 例 20 より

$$F^{(j)}(0) = f_j(x,y) \quad (j=1,2,...,n)$$

となるので，上式で $t=1$ とおけば求める式が得られる． □

$f(x,y)$ が多項式とは限らない一般の場合，点 (a,b) の近くで $f(x,y)$ をよく近似する $x-a$ と $y-b$ の n 次多項式があるなら，$f(x,y)$ が n 次多項式であると思って計算した (7) 式の右辺がその有力な候補になると予想される．このように考えて，$f(x,y)$ を (7) 式の右辺で近似して，その誤差を計算したのがテーラーの定理である．便宜上，n を $n-1$ におきかえてそれを述べる．

定理 6（テーラーの定理） $f(x,y)$ は n 回連続微分可能のとき

$$f(x,y) = f(a,b) + \frac{1}{1!}f_1(x,y) + \frac{1}{2!}f_2(x,y) + \cdots + \frac{1}{(n-1)!}f_{n-1}(x,y) + R_n$$

が成り立つ．ただし

$$f_j(x,y) = \sum_{i=0}^{j} {}_jC_i \frac{\partial^j f}{\partial x^{j-i} \partial y^i}(a,b) \cdot (x-a)^{j-i}(y-b)^i \quad (j=1,2,...,n-1)$$

$$R_n = \frac{1}{n!} \sum_{i=0}^{n} {}_nC_i \frac{\partial^n f}{\partial x^{n-i} \partial y^i}(a+\theta(x-a), b+\theta(y-b)) \cdot (x-a)^{n-i}(y-b)^i$$

ここに θ は $0 < \theta < 1$ を満たす（x,y に依存する）ある実数である．

証明 例 21 の証明中の記号をそのまま用いると，第 1 章の定理 4 より (8) 式において右辺の $F^{(n)}(0)$ を $F^{(n)}(\theta t)$ におきかえた式が成り立つ．ただし，θ は $0 < \theta < 1$ を満たすある実数である．これが定理の主張にほかならない．■

定理の式を $f(x,y)$ の (a,b) における**テーラー展開**と呼ぶ．

系 1（平均値の定理） 定理で $n=1$ とする．$x = a+h, y = b+k$ とおくとき

$$f(a+h, b+k) - f(a,b) =$$
$$f_x(a+\theta h, b+\theta k)h + f_y(a+\theta h, b+\theta k)k \quad (0 < \theta < 1)$$

次の系はテーラーの定理で $(a,b)=(0,0)$ の場合である．

系 2（マクローリンの定理） $f(x,y)$ は n 回連続微分可能のとき

$$f(x,y) = f(0,0) + \frac{1}{1!}f_1(x,y) + \frac{1}{2!}f_2(x,y) + \cdots + \frac{1}{(n-1)!}f_{n-1}(x,y) + R_n$$

が成り立つ．ただし

$$f_j(x,y) = \sum_{i=0}^{j} {}_jC_i \frac{\partial^j f}{\partial x^{j-i} \partial y^i}(0,0) \cdot x^{j-i}y^i \qquad (j=1,2,...,n-1)$$

$$R_n = \frac{1}{n!} \sum_{i=0}^{n} {}_nC_i \frac{\partial^n f}{\partial x^{n-i} \partial y^i}(\theta x, \theta y) \cdot x^{n-i}y^i \qquad (0<\theta<1)$$

この式を $f(x,y)$ の**マクローリン展開**と呼ぶ．

系 3 系 2 で $n=2$ とする．

$$f(0,0) = f_x(0,0) = f_y(0,0) = 0$$

のもとで

$$2f(x,y) = f_{xx}(\theta x, \theta y)x^2 + 2f_{xy}(\theta x, \theta y)xy + f_{yy}(\theta x, \theta y)y^2 \quad (0<\theta<1)$$

【例 22】 $f(x,y) = \sin(x+y)$ の点 $(0,\pi)$ でのテーラー展開を 3 次の項まで求めよ．

（解） $f_x = f_y = \cos(x+y),\ f_{xx} = f_{xy} = f_{yy} = -\sin(x+y)$
$$f_{xxx} = f_{xxy} = f_{xyy} = f_{yyy} = -\cos(x+y)$$

より，これらの点 $(0,\pi)$ での値を計算して

$$\sin(x+y) = -x - (y-\pi) + \frac{1}{6}x^3 + \frac{1}{2}x^2(y-\pi) + \frac{1}{2}x(y-\pi)^2 + \frac{1}{6}(y-\pi)^3 + \cdots$$

□

【例23】 $f(x,y) = e^x \log(1+y)$ のマクローリン展開を2次の項まで求めよ.

(解) $f = f_x = f_{xx},\ f_y = f_{xy} = \dfrac{e^x}{1+y},\ f_{yy} = -\dfrac{e^x}{(1+y)^2}$ より，これらの原点 $(0,0)$ での値を計算して

$$e^x \log(1+y) = y + xy - \frac{1}{2}y^2 + \cdots$$

節末問題 3.4

1. 次の関数の 2 階偏導関数を求めよ.

(1)　$z = e^{xy}$

(2)　$z = \log \sqrt{x^2 + y^2}$

(3)　$z = \sin x \cos^2 y$

(4)　$z = \tan^{-1} \dfrac{x}{y}$

2. 次の関数の与えられた点でのテーラー展開を 2 次の項まで求めよ.

(1)　$f(x, y) = \cos(x - 2y)$, 点 $(0, \pi)$

(2)　$f(x, y) = \log(1 + xy)$, 点 $(1, 2)$

3. 次の関数のマクローリン展開を 3 次の項まで求めよ.

(1)　$f(x, y) = \sin(x + y^2)$

(2)　$f(x, y) = \dfrac{1 - y}{\sqrt{1 + x}}$

(3)　$f(x, y) = e^{2x} \sin y$

（答）**1.** (1)　$z_{xx} = y^2 e^{xy},\ z_{xy} = (xy + 1)e^{xy},\ z_{yy} = x^2 e^{xy}$

(2)　$z_{xx} = \dfrac{y^2 - x^2}{(x^2 + y^2)^2},\ z_{xy} = -\dfrac{2xy}{(x^2 + y^2)^2},\ z_{yy} = \dfrac{x^2 - y^2}{(x^2 + y^2)^2}$

(3)　$z_{xx} = -\sin x \cos^2 y,\ z_{xy} = -\cos x \sin 2y,\ z_{yy} = -2 \sin x \cos 2y$

(4)　$z_{xx} = \dfrac{-2xy}{(x^2 + y^2)^2},\ z_{xy} = \dfrac{-(x^2 - y^2)}{(x^2 + y^2)^2},\ z_{yy} = \dfrac{2xy}{(x^2 + y^2)^2}$

2. (1)　$\cos(x - 2y) = 1 - \dfrac{1}{2}x^2 + 2x(y - \pi) - 2(y - \pi)^2 + \cdots$

(2)　$\log(1 + xy) = \log 3 + \left(\dfrac{2}{3}(x - 1) + \dfrac{1}{3}(y - 2) \right) - \left(\dfrac{2}{9}(x - 1)^2 - \dfrac{1}{9}(x - 1)(y - 2) + \dfrac{1}{18}(y - 2)^2 \right) + \cdots$

3. (1)　$\sin(x + y^2) = x + y^2 - \dfrac{1}{6}x^3 + \cdots$

(2)　$\dfrac{1 - y}{\sqrt{1 + x}} = 1 - \left(\dfrac{1}{2}x + y \right) + \left(\dfrac{3}{8}x^2 + \dfrac{1}{2}xy \right) - \left(\dfrac{5}{16}x^3 + \dfrac{3}{8}x^2 y \right) + \cdots$

(3)　$e^{2x} \sin y = y + 2xy + 2x^2 y - \dfrac{1}{6}y^3 + \cdots$

3.5 極大・極小

関数 $z = f(x,y)$ が xy 平面上の点 $A(a,b)$ の近くで定義されており,点 A を中心とする十分小さい半径の円板上の A 以外の点 $P(x,y)$ に対して

$$f(x,y) < f(a,b) \quad | \quad f(x,y) > f(a,b)$$

となっているとき,$f(x,y)$ は点 $A(a,b)$ で

極大となる | **極小となる**

といい,$f(a,b)$ を

極大値 | **極小値**

と呼ぶ.

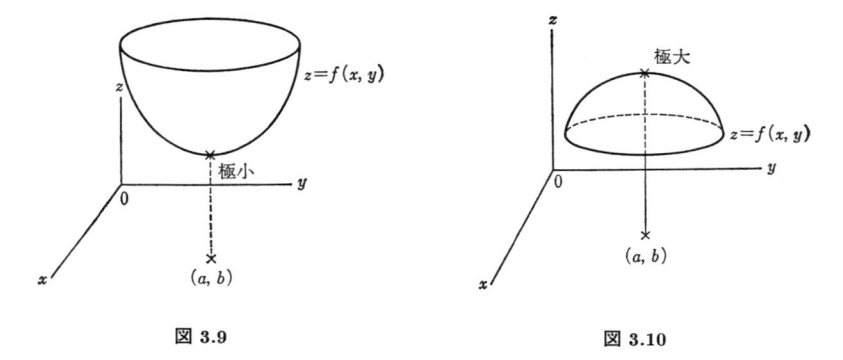

図 3.9   図 3.10

また,極大値と極小値をあわせて**極値**と呼ぶ.極大はその点の近くで最大,極小はその点の近くで最小ということである.

【例 24】 $z = x^2 + y^2$ は原点で極小値 0 をとり,これは最小値でもある.$z = x^2 - y^2$ は原点で極値をとらない.(3.1 節,例 5 参照) □

定理 7 $f(x,y)$ が偏微分可能のとき,$f(a,b)$ が極値なら

$$f_x(a,b) = f_y(a,b) = 0$$

証明 仮定より，x の関数 $f(x,b)$ は $x=a$ で極値をとるから $f_x(a,b)=0$，y の関数 $f(a,y)$ は $y=b$ で極値をとるから $f_y(a,b)=0$ ∎

定理の条件を満たす点 (a,b) を $f(x,y)$ の**停留点**という．点 (a,b) が $f(x,y)$ の停留点のとき，曲面 $z=f(x,y)$ の点 $(a,b,f(a,b))$ での接平面は xy 平面に平行である．しかし，これは極値をとるための十分条件ではない．実際，例 24 の関数 $f(x,y)=x^2-y^2$ は原点 $(0,0)$ を停留点にもつが，そこで極値をとらない．

次の定理は極値の判定法を与える．

定理 8 $z=f(x,y)$ は 2 回連続微分可能，(a,b) は $f(x,y)$ の停留点であるとする．
$$A=f_{xx}(a,b), \quad B=f_{yy}(a,b), \quad H=f_{xy}(a,b)$$
とおくとき
 (1) $AB-H^2>0, \quad A>0 \implies f(a,b)$ は極小値
 (2) $AB-H^2>0, \quad A<0 \implies f(a,b)$ は極大値
 (3) $AB-H^2<0 \implies f(a,b)$ は極値ではない

証明 座標軸の平行移動により，$(a,b,f(a,b))=(0,0,0)$ であると仮定してよい．このとき定理 6 の系 3 より，ある θ $(0<\theta<1)$ が存在して
$$2f(h,k)=f_{xx}(\theta h,\theta k)h^2+2f_{xy}(\theta h,\theta k)hk+f_{yy}(\theta h,\theta k)k^2$$

f_{xx}, f_{xy}, f_{yy} は連続であるから
$$f_{xx}(\theta h,\theta k)=f_{xx}(0,0)+\varepsilon_1=A+\varepsilon_1$$
$$f_{xy}(\theta h,\theta k)=f_{xy}(0,0)+\varepsilon_2=H+\varepsilon_2$$
$$f_{yy}(\theta h,\theta k)=f_{yy}(0,0)+\varepsilon_3=B+\varepsilon_3$$

とおくと

$(h, k) \to 0$ のとき $\varepsilon_1, \varepsilon_2, \varepsilon_3 \to 0$

$\rho = \sqrt{h^2 + k^2}$ とおくと,図 3.11 において $h/\rho = \cos\alpha$, $k/\rho = \sin\alpha$ と表せることに注意して (図 3.11 は $h > 0, k > 0$ の場合)

$2f(h, k) = (A + \varepsilon_1)h^2 + 2(H + \varepsilon_2)hk + (B + \varepsilon_3)k^2$
$= (Ah^2 + 2Hhk + Bk^2) + (\varepsilon_1 h^2 + 2\varepsilon_2 hk + \varepsilon_3 k^2)$
$= \rho^2[(A\cos^2\alpha + 2H\cos\alpha\sin\alpha + B\sin^2\alpha) + \varepsilon]$

$\varepsilon = \varepsilon_1 \cos^2\alpha + 2\varepsilon_2 \cos\alpha\sin\alpha + \varepsilon_3 \sin^2\alpha$

以下 $A \neq 0$ の場合を証明する.

$E = A\cos^2\alpha + 2H\cos\alpha\sin\alpha + B\sin^2\alpha$
$= A\left\{\left(\cos\alpha + \dfrac{H}{A}\sin\alpha\right)^2 + \dfrac{AB - H^2}{A^2}\sin^2\alpha\right\}$

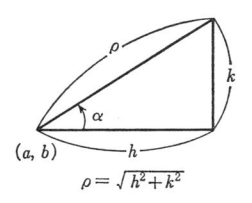

図 3.11

は $0 \leqq \alpha \leqq 2\pi$ で連続であるから,最小値,最大値をもつ.

$AB - H^2 > 0, A > 0$ の場合: E は正であるから正の最小値 m をもつ. $|h|, |k|$ を十分小さくとれば,$|\varepsilon| < m$ となるから $E + \varepsilon > 0$

したがって $f(h, k) > 0$ となるから $f(0, 0)$ は極小値である.

$AB - H^2 > 0, A < 0$ の場合: 上と同様に考えて $f(0, 0)$ は極大値になる.

$AB - H^2 < 0$ の場合: E が正にも負にもなるから,どんなに $|h|, |k|$ を小さくとっても $f(h, k)$ の符号は一定にならない.したがって極値とはならない.

(**注**) $AB - H^2 = 0$ の場合には,一般に 3 階以上の偏導関数を調べる必要がある.

【**例 25**】 $f(x, y) = x^2 + xy + y^2 - 4x - 2y$ の極値を求めよ.

(**解**) $f_x = 2x + y - 4 = 0$, $f_y = x + 2y - 2 = 0$ より

$$(x, y) = (2, 0)$$

$A = f_{xx} = 2$, $H = f_{xy} = 1$, $B = f_{yy} = 2$ より

$$AB - H^2 = 3 > 0, \quad A > 0$$

したがって,点 $(2, 0)$ で極小となり,極小値は $f(2, 0) = -4$

3.5 極大・極小

【例26】 $f(x,y) = x^3 - 3xy + y^3$ の極値を求めよ.

(解) $f_x = 3x^2 - 3y = 0$, $f_y = -3x + 3y^2 = 0$ より $y = x^2$, $x = y^2$. 第1式を第2式に代入して $x = x^4$ となり，これの実数解を求めて $x = 0, 1$. これより

$$(x,y) = (0,0), (1,1)$$

が停留点である．

$$f_{xx} = 6x, \quad f_{xy} = -3, \quad f_{yy} = 6y$$

より，$(x,y) = (0,0)$ のとき

$$A = f_{xx}(0,0) = 0, \quad H = f_{xy}(0,0) = -3, \quad B = f_{yy}(0,0) = 0$$

よって

$$AB - H^2 = -9 < 0$$

したがって，原点 $(0,0)$ では極値をとらない．次に，$(x,y) = (1,1)$ のとき

$$A = f_{xx}(1,1) = 6, \quad H = f_{xy}(1,1) = -3, \quad B = f_{yy}(1,1) = 6$$

よって

$$AB - H^2 = 27 > 0, \quad A > 0$$

したがって，点 $(1,1)$ で極小となり，極小値は $f(1,1) = -1$ □

極値の定義において，不等号 $<$ および $>$ を，それぞれ $\leq$ および $\geq$ におきかえて**広義の極値**を定義する．定理7は広義の極値についても成り立ち，$f(a,b)$ が広義の極値なら (a,b) は停留点である．

もし，$f(a,b)$ が最大値または最小値なら，それは広義の極値．よって (a,b) は停留点である．これより，$f(x,y)$ の最大値または最小値を調べるためには，まず，停留点を求める必要がある．次の定理は停留点がただ1つの場合に有効な結果である．(証明略)

定理9 C は xy 平面上の連続な単一閉曲線（自分自身とは交わらないと仮定する），D は C の内部の領域とする．$f(x,y)$ は $C \cup D$ 上で連続，D 上で偏微分可能，かつ，D 上の点 $P(a,b)$ を唯一の停留点にもつとす

る．さらに，D 上の点 $P'(a', b')$ があって，C 上のすべての点 $Q(x,y)$ について

(1) $f(P') < f(Q)$ $\implies$ $f(P)$ は D で唯一つの極小値かつ最小値

(2) $f(P') > f(Q)$ $\implies$ $f(P)$ は D で唯一つの極大値かつ最大値

【例 27】 $f(x,y) = x(1 - x^2 - y^2)$ の $x^2 + y^2 \leqq 1$ での最大値および最小値を求めよ．

(解) $f_x = 1 - 3x^2 - y^2 = 0$, $f_y = -2xy = 0$ を解いて

$$(x, y) = (0, \pm 1), (\pm 1/\sqrt{3}, 0)$$

よって $x^2 + y^2 < 1$ にある停留点は点 $(\pm 1/\sqrt{3}, 0)$ の 2 つである．このままでは定理 9 を使えないので，$x^2 + y^2 \leqq 1$ を 2 つの部分に分けて考える．まず，D を $x > 0$, $x^2 + y^2 < 1$ とし，C を D の境界として定理 9 を使う．

C 上で $f(x,y) = 0$，D 上で $f(x,y) > 0$ かつ点 $(1/\sqrt{3}, 0)$ は D 上での $f(x,y)$ のただ 1 つの停留点．よって定理 9 の (2) より，$f(1/\sqrt{3}, 0) = 2\sqrt{3}/9$ は D での $f(x,y)$ の最大値．

同様の議論を $x^2 + y^2 \leqq 1$ の左半分に適用して，$f(-1/\sqrt{3}, 0) = -2\sqrt{3}/9$ は $x < 0$, $x^2 + y^2 < 1$ での $f(x,y)$ の最小値であることがわかる．以上をまとめて，求める最大値および最小値は，それぞれ $2\sqrt{3}/9$ および $-2\sqrt{3}/9$ である． □

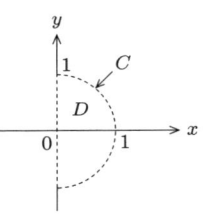

図 3.12

【例 28】 3 辺の長さの和が一定の直方体のなかで，体積が最大になるものを求めよ．

(解) 3 辺の長さを x, y, z とする．仮定より $x + y + z$ は一定，これを a とおく．このとき直方体の体積は $xyz = xy(a - x - y)$．そこで

$$f(x, y) = xy(a - x - y)$$

とおく．C および D を，$x \geqq 0, y \geqq 0, x + y \leqq a$ で定まる三角形の周および内部として，$C \cup D$ での最大値問題を考えればよい．

C 上で $f(x,y) = 0$, D 上で $f(x,y) > 0$ である.

$$f_x = y(a - 2x - y) = 0, \ f_y = x(a - x - 2y) = 0$$

より点 $(a/3, a/3)$ が D 上でのただ 1 つの停留点. よって定理 9 の (2) より $x = y = z$ のとき, すなわち立方体のとき体積が最大になる. □

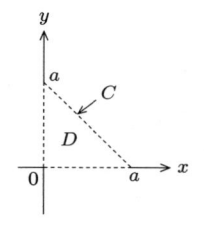

図 3.13

節末問題 3.5

1. 次の関数の極値を求めよ．
(1) $f(x,y) = x^2 + xy + y^2 - 6x - 4y$
(2) $f(x,y) = e^x(x^2 + y^2)$
(3) $f(x,y) = \sin x + \sin y + \cos(x+y)$ $(-\pi \leqq x, y \leqq \pi)$

2. $f(x,y) = xy(1-x)(2-y)$ の $0 \leqq x \leqq 1$, $0 \leqq y \leqq 2$ での最大値を求めよ．

3. 点 $(1, 2, 3)$ から平面 $x + y + z = 0$ までの距離を求めよ．

(答) **1.** (1) $\left(\dfrac{8}{3}, \dfrac{2}{3}\right)$ で極小値 $-\dfrac{28}{3}$

(2) $(0, 0)$ で極小値 0

(3) $\left(-\dfrac{\pi}{2}, -\dfrac{\pi}{2}\right)$ で極小値 -3, $\left(\dfrac{\pi}{6}, \dfrac{\pi}{6}\right), \left(\dfrac{5}{6}\pi, \dfrac{5}{6}\pi\right)$ で極大値 $\dfrac{3}{2}$

2. $f_x = (1-2x)y(2-y)$, $f_y = 2x(1-x)(1-y)$ より，長方形領域の内部での $f(x,y)$ の停留点は $(1/2, 1)$ のみ．また，長方形領域の周上で $f(x,y) = 0$. よって，定理 9 より最大値は $f(1/2, 1) = 1/4$

3. $f(x,y) = (x-1)^2 + (y-2)^2 + (-x-y-3)^2$ とおく．
$f_x = 4x + 2y + 4$, $f_y = 2x + 4y + 2$ より，$f(x,y)$ の停留点は $(-1, 0)$ のみ．原点中心の十分大きな半径の円上で $f(x,y) > f(-1, 0) = 12$ が成り立つから，定理 9 より $f(x,y)$ の最小値は 12. よって，求める距離は $\sqrt{f(-1, 0)} = 2\sqrt{3}$.

3.6 陰関数とその応用

3.6.1 陰関数の存在定理

2 変数関数 $F(x,y)$ が与えられたとき, 一般に $F(x,y) = 0$ で定まる曲線全体を関数 $y = f(x)$ の形に表すことはできない. しかし, 曲線の一部分を $y = f(x)$ または $x = g(y)$ の形に表し, それらの集まりとして曲線全体を捉えることができる. このとき 3.3 節例 14 で述べたように, $y = f(x)$ あるいは $x = g(y)$ を, それぞれ

$$F(x, f(x)) = 0 \quad \text{または} \quad F(g(y), y) = 0$$

で定まる**陰関数**であるという. この節では陰関数の性質を調べ, それを極値問題に応用する. まず, 次の定理は陰関数の存在およびその導関数についての情報を与える. (証明略)

定理 10 (陰関数の存在定理)　$F(x,y)$ は点 (a,b) を含むある領域で連続微分可能とする.

$$F(a,b) = 0, \quad F_y(a,b) \neq 0$$

が成り立つとき, a を含むある開区間において, x の連続関数 $y = f(x)$ で

$$F(x, f(x)) = 0, \quad b = f(a)$$

を満たすものがただ 1 つ定まる. $f(x)$ は微分可能で

$$f'(x) = -\frac{F_x(x,y)}{F_y(x,y)}$$

$F(x,y)$ が 2 回連続微分可能なら $f(x)$ も 2 回微分可能で

$$f''(x) = -\frac{F_{xx}F_y^2 - 2F_{xy}F_xF_y + F_{yy}F_x^2}{F_y^3}$$

(**注**) (1) $f(x)$ が微分可能であることを認めれば，$f'(x)$ の式はすでに例 14 で示されている．

(2) $F_x(a,b) \neq 0$ なら，上記で x と y の役割を入れかえた主張が成り立つ．

$$F_x(a,b) = F_y(a,b) = 0$$

なら，この点 (a,b) を曲線の**特異点**という．特異点の近くでの曲線の形状は一般に複雑であり，ここでは考えない．

【**例29**】 $F(x,y) = x^3 - 3xy + y^3 = 0$ のとき y', y'' を求めよ．

(**解**) $F(x,y) = F_y(x,y) = 0$ を満たす点は $(0,0)$, $(\sqrt[3]{4}, \sqrt[3]{2})$ であり，曲線上のこれら以外の点の近くで陰関数 $y = f(x)$ が定まる．

$$F_x = 3(x^2 - y),\ F_y = 3(y^2 - x),\ F_{xx} = 6x,\ F_{xy} = -3,\ F_{yy} = 6y$$

だから，定理 10 より

$$y' = -\frac{x^2 - y}{y^2 - x},\quad y'' = -\frac{2xy(x^3 - 3xy + y^3 + 1)}{(y^2 - x)^3} = -\frac{2xy}{(y^2 - x)^3} \qquad \square$$

3.6.2 陰関数の極値

関数 $F(x,y)$ が与えられたとき，$F(x,y) = 0$ で定まる陰関数について極値を考える．すなわち，$F(x, f(x)) = 0$ を満たすすべての関数 $y = f(x)$ について極値を考える．

【**例30**】 $x^2 + y^2 = 1$ で定まる陰関数 $y = f(x)$ の極値を求めよ．

(**解**) $y = \sqrt{1 - x^2}$ は $x = 0$ で極大値 1 をとり，$y = -\sqrt{1 - x^2}$ は $x = 0$ で極小値 -1 をとる． $\qquad \square$

次の定理は陰関数の極値を判定する方法を与える．

3.6 陰関数とその応用

定理 11 $F(x, y)$ は点 (a, b) を含む領域で 2 回連続微分可能で

$$F(a, b) = 0, \quad F_y(a, b) \neq 0$$

を満たすとする．このとき，$F(x, y) = 0$ で定まる陰関数

$$y = f(x), \quad b = f(a)$$

が $x = a$ で極値をとるなら

$$F_x(a, b) = 0$$

となり，これが成り立つとき

1. $\dfrac{F_{xx}(a, b)}{F_y(a, b)} > 0 \implies x = a$ で $y = f(x)$ は極大値 b をとる．

2. $\dfrac{F_{xx}(a, b)}{F_y(a, b)} < 0 \implies x = a$ で $y = f(x)$ は極小値 b をとる．

証明 定理 10 より

$$f'(a) = -\frac{F_x(a, b)}{F_y(a, b)}$$

であり，$y = f(x)$ が $x = a$ で極値をとるなら $f'(a) = 0$ だから，$F_x(a, b) = 0$ が成り立つ．$F_x(a, b) = 0$ のもとで，定理 10 より

$$f''(a) = -\frac{F_{xx}(a, b)}{F_y(a, b)}$$

よって，1 変数関数の極値判定法により **1** および **2** が成り立つ． ∎

【例 31】 $x^2 - xy + y^2 = 3$ で定まる陰関数の極値を求めよ．

(解) $F(x, y) = x^2 - xy + y^2 - 3$ とおくと

$$F_x = 2x - y, \quad F_y = -x + 2y, \quad F_{xx} = 2$$

$F(x, y) = F_x(x, y) = 0$ を満たす点は $(1, 2), (-1, -2)$ で，$F_y(\pm 1, \pm 2) = \pm 3$ が複号同順で成り立つから，これらの点の近くで陰関数が存在する．

$$\frac{F_{xx}(1,2)}{F_y(1,2)} = \frac{2}{3} > 0, \quad \frac{F_{xx}(-1,-2)}{F_y(-1,-2)} = -\frac{2}{3} < 0$$

より, 陰関数 $y = f(x)$, $2 = f(1)$ は $x = 1$ で極大値 2 をとり, 陰関数 $y = f(x)$, $-2 = f(-1)$ は $x = -1$ で極小値 -2 をとる. □

3.6.3 条件付極値

関数 $f(x,y), g(x,y)$ が与えられたとき, 条件 $g(x,y) = 0$ のもとで $z = f(x,y)$ の極値を考える.

【例32】 $x^2 + y^2 = 1$ のとき $z = x$ の極値を求めよ.

(解) 円柱面 $x^2 + y^2 = 1$ の平面 $z = x$ による切口を調べて, $(x,y) = (1,0)$ のとき極大値 1 をとり, $(x,y) = (-1,0)$ のとき極小値 -1 をとる. これらは, それぞれ最大値, 最小値でもある. □

次の定理は極値を与える点の候補を求めるのに有効である.

定理12（ラグランジュの乗数法）

$f(x,y), g(x,y)$ はともに連続微分可能で

$$g_x(a,b) \neq 0 \quad \text{または} \quad g_y(a,b) \neq 0$$

が成り立つとする. 条件 $g(x,y) = 0$ のもとで, $f(x,y)$ が点 (a,b) で極値をとるなら

$$f_x(a,b) - \lambda g_x(a,b) = f_y(a,b) - \lambda g_y(a,b) = 0 \tag{9}$$

を満たす定数 λ が存在する.

証明 条件 $g(x,y) = 0$ のもとで, 関数 $f(x,y)$ は点 (a,b) で極値をとるとする. $g_y(a,b) \neq 0$ とすると, 定理10より点 (a,b) の近くで, $g(x,y) = 0$ は $y = \phi(x)$, $b = \phi(a)$ と表すことができる. このとき

$$z = f(x,y) = f(x, \phi(x))$$

となり, 1変数関数 z は $x = a$ で極値をとる. 上式を x で微分して

$$\frac{dz}{dx} = f_x + f_y \phi' = f_x - f_y \frac{g_x}{g_y}$$

であり，これが $x = a$ で 0 となるから

$$f_x(a,b) - f_y(a,b) \frac{g_x(a,b)}{g_y(a,b)} = 0$$

よって $f_y(a,b)/g_y(a,b) = \lambda$ とおけば，定理の条件式が得られる． ∎

(注) この証明より次のことがわかる：曲線 $g(x,y) = 0$ 上の点 (a,b) で $g_y(a,b) \neq 0$ が成り立つとして，点 (a,b) の近くでの陰関数を $y = \phi(x)$ とする．このとき，$x = a$ が 1 変数関数 $z = f(x, \phi(x))$ の停留点であるための必要十分条件は (9) 式を満たす定数 λ が存在することである．

定理 12 の幾何学的な意味は次の通り．曲線 $g(x,y) = 0$ の点 (a,b) での接線を含み，xy 平面に垂直な平面による曲面 $z = f(x,y)$ の切口を C とする．このとき，曲線 C の点 $(a,b,f(a,b))$ での接線の傾きは

$$\frac{1}{\sqrt{g_x(a,b)^2 + g_y(a,b)^2}} \{f_x(a,b)g_y(a,b) - f_y(a,b)g_x(a,b)\}$$

になることがわかる（3.3 節例 15 の方向微分係数の計算による）．定理 12 の条件式はこの値が 0 であることを意味する．

【例 33】 $x^2 + y^2 = 1$ のとき $z = xy$ の極値を求めよ．

(解) $x^2 + y^2 = 1$ を y について解いて $y = \pm\sqrt{1-x^2}$ と表せるから，$z = xy = \pm x\sqrt{1-x^2}$ の極値を求めればよい．しかし，ここでは y の具体形を使わない解法を述べる．

$f(x,y) = xy$, $g(x,y) = x^2 + y^2 - 1$ とおくと

$$f_x = y, \quad f_y = x, \quad g_x = 2x, \quad g_y = 2y$$

より，定理 12 の条件式は

$$x^2 + y^2 = 1 \quad \text{かつ} \quad y - 2\lambda x = x - 2\lambda y = 0$$

これを満たすためには $\lambda xy \neq 0$ が必要．このとき

$$\lambda = \frac{y}{2x} = \frac{x}{2y} \quad \text{より} \quad x^2 = y^2$$

これを $x^2+y^2=1$ に代入して x を求めることで，条件式を満たす組

$$(x, y, \lambda) = \left(\pm\frac{1}{\sqrt{2}}, \pm\frac{1}{\sqrt{2}}, \frac{1}{2}\right), \left(\pm\frac{1}{\sqrt{2}}, \mp\frac{1}{\sqrt{2}}, -\frac{1}{2}\right) \quad \text{(複号同順)}$$

が得られる．ここで $g_y(\pm 1/\sqrt{2}, \pm 1/\sqrt{2}) \neq 0$ より，4つの点 $(\pm 1/\sqrt{2}, \pm 1/\sqrt{2})$ のそれぞれの近くで，$g(x,y)=0$ で定まる陰関数 $y=\phi(x)$ が存在する．したがって，これらの点で $z = xy = x\phi(x)$ が極値をとるかどうかを調べればよい．定理10より

$$\phi'(x) = -\frac{g_x}{g_y} = -\frac{x}{y}$$
$$\phi''(x) = -\frac{g_{xx}g_y^2 - 2g_{xy}g_x g_y + g_{yy}g_x^2}{g_y^3} = -\frac{x^2+y^2}{y^3} = -\frac{1}{y^3}$$

よって

$$\frac{dz}{dx} = \phi(x) + x\phi'(x) = y - \frac{x^2}{y} = \frac{y^2-x^2}{y}$$
$$\frac{d^2z}{dx^2} = 2\phi'(x) + x\phi''(x) = -\frac{2x}{y} + x\left(-\frac{1}{y^3}\right) = -\frac{x(2y^2+1)}{y^3}$$

これより

$$\left(\frac{1}{\sqrt{2}}, \frac{1}{\sqrt{2}}\right), \left(-\frac{1}{\sqrt{2}}, -\frac{1}{\sqrt{2}}\right) \quad \text{では} \quad \frac{dz}{dx} = 0, \frac{d^2z}{dx^2} < 0$$

であるから，これらの点で極大値 $1/2$ をもち，

$$\left(\frac{1}{\sqrt{2}}, -\frac{1}{\sqrt{2}}\right), \left(-\frac{1}{\sqrt{2}}, \frac{1}{\sqrt{2}}\right) \quad \text{では} \quad \frac{dz}{dx} = 0, \frac{d^2z}{dx^2} > 0$$

であるから，これらの点で極小値 $-1/2$ をもつ．

節末問題 3.6

1. 次の式で定められる陰関数に対して dy/dx, d^2y/dx^2 を求めよ．
(1) $x^2 + 2xy + 2y^2 = 1$
(2) $x^4 + y^4 - 1 = 0$
(3) $\log \sqrt{x^2 + y^2} = \tan^{-1} \dfrac{y}{x}$

2. 次の式で定まる陰関数の極値を求めよ．
(1) $xy(y - x) = 2$
(2) $x^2 + xy + 2y^2 = 1$
(3) $x^3 y^3 + y - x = 0$

3. $x^2 + y^2 = 1$ のとき $z = x^2 y$ の極値を求めよ．

（答）**1.** (1) $\dfrac{dy}{dx} = -\dfrac{x+y}{x+2y}$, $\dfrac{d^2y}{dx^2} = -\dfrac{1}{(x+2y)^3}$

(2) $\dfrac{dy}{dx} = -\dfrac{x^3}{y^3}$, $\dfrac{d^2y}{dx^2} = -\dfrac{3x^2}{y^7}$

(3) $\dfrac{dy}{dx} = \dfrac{x+y}{x-y}$, $\dfrac{d^2y}{dx^2} = \dfrac{2(x^2+y^2)}{(x-y)^3}$

2. (1) $x = 1$ で極小値 2

(2) $x = \dfrac{1}{\sqrt{7}}$ で極小値 $-\dfrac{2}{\sqrt{7}}$, $x = -\dfrac{1}{\sqrt{7}}$ で極大値 $\dfrac{2}{\sqrt{7}}$

(3) $x = \sqrt[5]{\dfrac{9}{8}}$ で極大値 $\sqrt[5]{\dfrac{4}{27}}$

3. $(0, 1)$ で極小値 0, $(0, -1)$ で極大値 0, $\left(\pm\sqrt{\dfrac{2}{3}}, \dfrac{1}{\sqrt{3}}\right)$ で極大値 $\dfrac{2}{3\sqrt{3}}$, $\left(\pm\sqrt{\dfrac{2}{3}}, -\dfrac{1}{\sqrt{3}}\right)$ で極小値 $-\dfrac{2}{3\sqrt{3}}$

章末問題 3

1. 次の等式を証明せよ．

(1) $z = \sqrt{x^2+y^2}\sin^{-1}\dfrac{y}{x}$ のとき $x\dfrac{\partial z}{\partial x} + y\dfrac{\partial z}{\partial y} = z$

(2) $z = x^2 f\left(\dfrac{y}{x}\right)$ のとき $x\dfrac{\partial z}{\partial x} + y\dfrac{\partial z}{\partial y} = 2z$

(3) $z = \dfrac{x}{x^2+y^2}$ のとき $\dfrac{\partial^2 z}{\partial x^2} + \dfrac{\partial^2 z}{\partial y^2} = 0$

(4) $z = e^x \sin y$ のとき $\dfrac{\partial^2 z}{\partial x^2} + \dfrac{\partial^2 z}{\partial y^2} = 0$

2. $z = f(x,y)$, $x = r\cos\theta$, $y = r\sin\theta$ のとき

$$\dfrac{\partial^2 z}{\partial x^2} + \dfrac{\partial^2 z}{\partial y^2} = \dfrac{\partial^2 z}{\partial r^2} + \dfrac{1}{r}\dfrac{\partial z}{\partial r} + \dfrac{1}{r^2}\dfrac{\partial^2 z}{\partial \theta^2}$$

が成り立つことを証明せよ．

3. $f(x,y) = \begin{cases} xy\dfrac{x^2-y^2}{x^2+y^2} & (x,y) \neq (0,0) \\ 0 & (x,y) = (0,0) \end{cases}$ について

(1) $(x,y) \neq (0,0)$ のとき f_x, f_y を求めよ．
(2) 偏導関数の定義により $f_x(0,0)$, $f_y(0,0)$ を求めよ．
 $f_{xy}(0,0) = f_{yx}(0,0)$ は成り立つか．

4. 全微分可能な関数 $z = f(x,y)$ が $x+y$ だけの関数であるための必要十分条件は $\partial z/\partial x = \partial z/\partial y$ であることを証明せよ．

5. $f(0,0) = 0$, $f_x(x,y) = 2x+y$, $f_y(x,y) = x+2y$ を満たす関数 $f(x,y)$ を求めよ．

6. 次の最大・最小問題に答えよ．
(1) 体積が一定な直方体の中で表面積が最小なものを求めよ．
(2) 表面積が一定な直方体の中で体積が最大なものを求めよ．

(答)　**3**.　(1)　$f_x = \dfrac{x^4 y + 4x^2 y^3 - y^5}{(x^2+y^2)^2}$, $f_y = \dfrac{x^5 - 4x^3 y^2 - xy^4}{(x^2+y^2)^2}$

(2) $f_x(0,0) = f_y(0,0) = 0$, これより $f_{xy}(0,0) = -1$, $f_{yx}(0,0) = 1$.
よって $f_{xy}(0,0) \neq f_{yx}(0,0)$

4.　z が $x+y$ だけの関数なら $z = \phi(x+y)$, これより $z_x = z_y$. 逆に $z_x = z_y$ とする. $t = x+y$ とおくとき $z = f(x, t-x) = \psi(x, t)$. これが x を含まなければよい. そのことは $\psi_x(x,y) = f_x - f_y = 0$ から直ちにでる.

5.　マクローリンの定理を $n=3$ として適用する. $f_{xx} = 2$, $f_{xy} = 1$, $f_{yy} = 2$ より, 3階以上の偏導関数はすべて 0. よって $f(x,y) = x^2 + xy + y^2$

6.　直方体の 3 辺の長さを x, y, z とおく. このとき, 直方体の体積 $f(x,y,z)$ および表面積 $g(x,y,z)$ は, それぞれ $f(x,y,z) = xyz$, $g(x,y,z) = 2(xy+yz+zx)$

(1)　$f(x,y,z)$ が一定値 V のとき $g(x,y,z) = 2\left(xy + \dfrac{V}{x} + \dfrac{V}{y}\right)$. 適当な領域に定理 9 を用いて, 求める直方体は立方体.

(2)　$g(x,y,z)$ が一定値 S のとき $f(x,y,z) = \dfrac{xy(S-2xy)}{2(x+y)}$. 適当な領域に定理 9 を用いて, 求める直方体は立方体.

4

重 積 分

4.1 重 積 分

xy 平面上において，いくつかの連続曲線によって囲まれた部分を**領域**という．自らの境界点をすべて含む領域を**閉領域**，原点を中心とする十分に大きな半径の円内に含まれる領域を**有界領域**という．例えば，

$\{(x,y) \mid x^2 + y^2 \leqq 1,\ y \geqq x^2\}$ は有界閉領域

$\{(x,y) \mid x^2 + y^2 \leqq 1,\ y > x^2\}$ は閉でない有界領域

$\{(x,y) \mid x \geqq 0,\ y \geqq 0\}$ は有界でない閉領域

である．

有界閉領域 D で定義された連続関数 $f(x,y)\ (\geqq 0)$ を考える．連続曲線

$$y = \phi_0(x),\ y = \phi_1(x),\ \cdots,\ y = \phi_m(x)$$
$$(\phi_0(x) < \phi_1(x) < \cdots < \phi_m(x))$$
$$x = \psi_0(y),\ x = \psi_1(y),\ \cdots,\ x = \psi_n(y)$$
$$(\psi_0(y) < \psi_1(y) < \cdots < \psi_n(y))$$

によって，領域 D を以下のように小領域に分ける．不等式

$$\phi_{i-1}(x) \leqq y \leqq \phi_i(x),\qquad \psi_{j-1}(y) \leqq x \leqq \psi_j(y)$$

を満たす点 $(x,y) \in D$ の集合を D_{ij} とおくと，D_{ij} のあるものは空集合である

4.1 重積分

かもしれないが，D はこれら小領域 D_{ij} の族に分かれる．これを D の分割 Δ と呼ぶ．小領域 D_{ij} の面積を $|D_{ij}|$ と表し，D_{ij} を含む円の直径の最小値を r_{ij} とする．それらの最大値を r_Δ とおく．

各小領域 D_{ij} に任意の点 P_{ij} をとると，$f(P_{ij})|D_{ij}|$ は D_{ij} を底面とする高さ $f(P_{ij})$ の直方体の体積を表す．これらの和

$$S(\Delta) = \sum_{i,j} f(P_{ij})|D_{ij}|$$

は，領域 D 上の直方体の集まりである立体の体積を表し，それは D を底面，曲面 $z = f(x,y)$ を上底とする柱体 V の体積の近似値を与える．

ここで，分割数 $m, n \to \infty$ とし，同時に $r_\Delta \to 0$ としたとき，分割の仕方や D_{ij} 内の点 P_{ij} の取り方に関係なく，$S(\Delta)$ が一定の値 A に収束するならば，

$f(x,y)$ は D で**積分可能**である

あるいは

$f(x,y)$ の D における重積分の値は A である

といい，次の記号で表す．

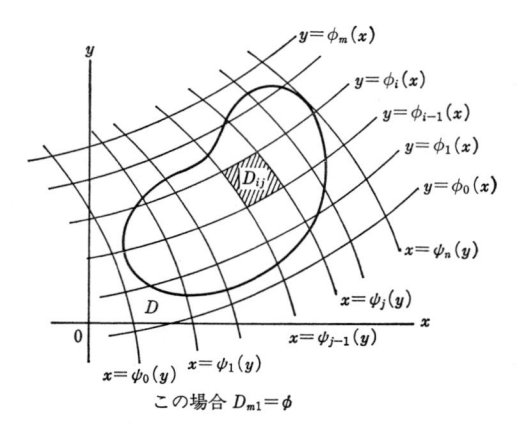

図 4.1

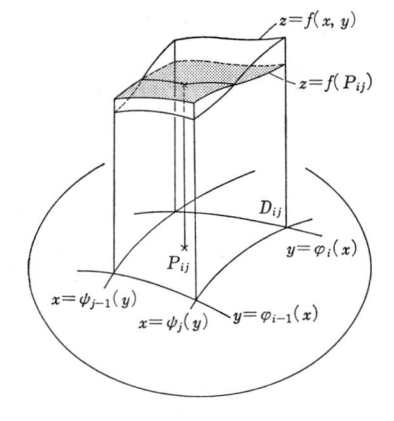

図 4.2

$$\iint_D f(x,y)\,dxdy = A$$

重積分の定義は，柱体 V の体積の定義にほかならない．一般の $f(x,y)$ に対しても，重積分を同様に定義する．

重積分に関して以下の定理が成り立つ．

定理 1 有界閉領域 D で定義された関数 $f(x,y)$ に対して,

$f(x,y)$ が D で連続 $\implies f(x,y)$ は D で積分可能

定理 2 $f(x,y),\ f_1(x,y),\ f_2(x,y)$ は有界閉領域 D で定義された連続関数とする. このとき,

$$\iint_D (f_1(x,y) \pm f_2(x,y))\,dxdy$$
$$= \iint_D f_1(x,y)\,dxdy \pm \iint_D f_2(x,y)\,dxdy \qquad \text{(複号同順)}$$
$$\iint_D kf(x,y)\,dxdy = k\iint_D f(x,y)\,dxdy \qquad (k \text{ は定数})$$

定理 3 $f(x,y)$ は有界閉領域 D で定義された連続関数とする. D が 2 つの閉領域 $D_1,\ D_2$ に分かれているならば

$$\iint_D f(x,y)\,dxdy = \iint_{D_1} f(x,y)\,dxdy + \iint_{D_2} f(x,y)\,dxdy$$

定理 4 有界閉領域 D で定義された 2 つの連続関数 $f_1(x,y),\ f_2(x,y)$ に対して, 不等式 $f_1(x,y) \leqq f_2(x,y)$ が D のすべての点で成り立てば

$$\iint_D f_1(x,y)\,dxdy \leqq \iint_D f_2(x,y)\,dxdy$$

系 定理と同じ仮定のもとで
$$\left| \iint_D f(x,y)\,dxdy \right| \leqq \iint_D |f(x,y)|\,dxdy$$

4.2 累次積分

ここでは前節で定義した重積分を実際に計算する方法を述べる.

$\phi_1(x)$, $\phi_2(x)$ を閉区間 $[a, b]$ で定義された連続関数とし,$[a, b]$ で常に $\phi_1(x) \leqq \phi_2(x)$ が成り立つとする.関数 $f(x,y) \geqq 0$ は閉領域

$$D = \{(x,y) \mid a \leqq x \leqq b,\ \phi_1(x) \leqq y \leqq \phi_2(x)\}$$

で連続とする.底面が D で,上底が曲面 $y = f(x,y)$ の柱体を V とする.

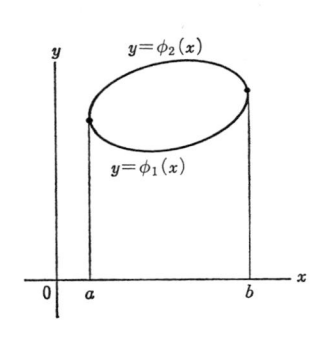

図 4.3

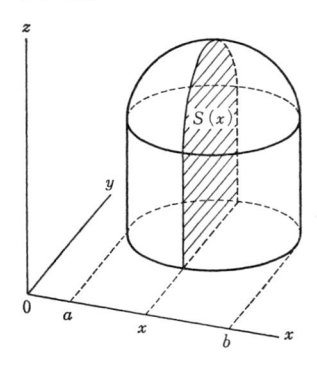

図 4.4

$a \leqq c \leqq b$ なる値 c をとり,平面 $x = c$ で柱体 V を切ると,その切口の面積は

$$S(c) = \int_{\phi_1(c)}^{\phi_2(c)} f(c, y)\, dy$$

である.したがって $[a, b]$ 内の任意の x に対して,点 $(x, 0, 0)$ を通り x 軸に垂直な平面による V の切口の面積は,x の関数

$$S(x) = \int_{\phi_1(x)}^{\phi_2(x)} f(x, y)\, dy$$

で与えられる.ゆえに柱体 V の体積は

$$V = \int_a^b \left(\int_{\phi_1(x)}^{\phi_2(x)} f(x, y)\, dy \right) dx$$

である．ところが前節で述べたように，V の体積は

$$V = \iint_D f(x,y)\,dxdy$$

であるから

$$\iint_D f(x,y)\,dxdy = \int_a^b \Bigl(\int_{\phi_1(x)}^{\phi_2(x)} f(x,y)\,dy\Bigr)dx \tag{1}$$

領域 D が

$$D = \{(x,y) \mid \psi_1(y) \leq x \leq \psi_2(y),\ c \leq y \leq d\}$$

と表される場合も上と同じように考えて

$$\iint_D f(x,y)\,dxdy = \int_c^d \Bigl(\int_{\psi_1(y)}^{\psi_2(y)} f(x,y)\,dx\Bigr)dy \tag{2}$$

を得る．

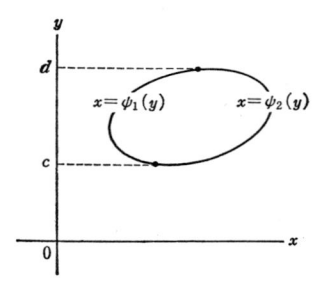

図 4.5

式 (1), (2) の右辺の形の積分を**累次積分**と呼ぶ．累次積分を簡単に次のように表すこともある．

$$\int_a^b dx \int_{\phi_1(x)}^{\phi_2(x)} f(x,y)\,dy\ ,\quad \int_c^d dy \int_{\psi_1(y)}^{\psi_2(y)} f(x,y)\,dx$$

$f(x,y) \leq 0$ の場合も同じ結果を得る．また一般の場合は $f(x,y) \geq 0$ となる領域と，$f(x,y) \leq 0$ となる領域に分けて定理3を適用すれば，やはり同じ結果を得る．以上をまとめると

定理5 重積分と累次積分（積分順序の変更）　　　閉領域

$$D = \{(x,y) \mid a \leq x \leq b,\ \phi_1(x) \leq y \leq \phi_2(x)\}$$
$$= \{(x,y) \mid \psi_1(y) \leq x \leq \psi_2(y),\ c \leq y \leq d\}$$

上で関数 $f(x,y)$ は連続とする．このとき

$$\iint_D f(x,y)\,dxdy = \int_a^b \Bigl(\int_{\phi_1(x)}^{\phi_2(x)} f(x,y)\,dy\Bigr)dx$$

$$= \int_c^d \left(\int_{\psi_1(y)}^{\psi_2(y)} f(x,y)\,dx \right) dy$$

定理 5 によって，重積分は 1 変数の積分を 2 度くりかえせばよいことになり，具体的な計算方法が与えられた．

【例題 1】 閉領域

$$D = \{(x,y) \mid x \geq 0,\, y \geq 0,\, x+y \leq 1\}$$

と関数 $f(x,y) = 1-x-y$ に定理 5 を適用すると

$$\iint_D (1-x-y)\,dxdy = \int_0^1 dx \int_0^{1-x} (1-x-y)\,dy$$

となる．この式の右辺の累次積分を求めよ．

(解)

$$\int_0^1 dx \int_0^{1-x} (1-x-y)\,dy$$
$$= \int_0^1 \left[y - xy - \frac{1}{2}y^2 \right]_{y=0}^{y=1-x} dx$$
$$= \int_0^1 \left(\frac{x^2}{2} - x + \frac{1}{2} \right) dx$$
$$= \left[\frac{x^3}{6} - \frac{x^2}{2} + \frac{x}{2} \right]_0^1 = \frac{1}{6} \qquad \square$$

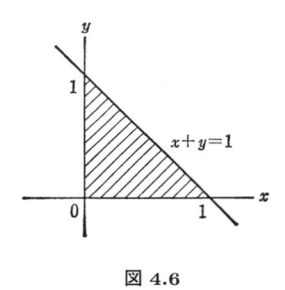

図 4.6

【例題 2】 重積分

$$\int_0^1 dx \int_{x^2}^{2-x} f(x,y)\,dy$$

の積分順序を変更せよ．

(解) 積分の範囲は $0 \leq x \leq 1$, $x^2 \leq y \leq 2-x$ であるから，図 4.7 の斜線部 D である．これを 2 つの領域 D_1, D_2

$$D_1 : 0 \leq x \leq \sqrt{y},\, 0 \leq y \leq 1, \quad D_2 : 0 \leq x \leq 2-y,\, 1 \leq y \leq 2$$

に分ける．このとき

$$与式 = \iint_{D_1} f(x,y)\,dxdy + \iint_{D_2} f(x,y)\,dxdy$$
$$= \int_0^1 dy \int_0^{\sqrt{y}} f(x,y)\,dx + \int_1^2 dy \int_0^{2-y} f(x,y)\,dx \qquad \square$$

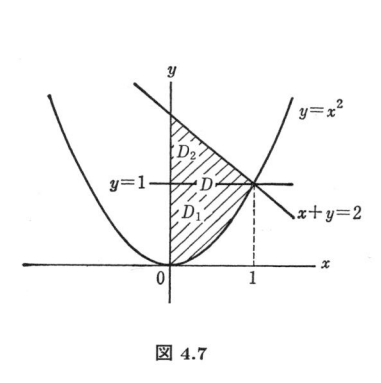

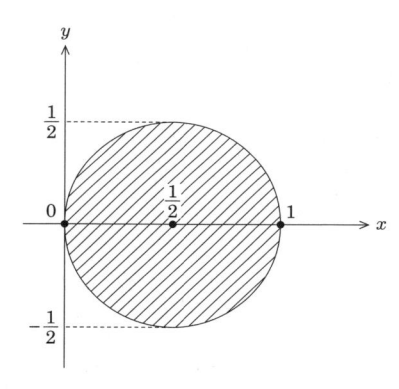

図 4.7

図 4.8

【例題3】 重積分

$$\iint_D \sqrt{x}\,dxdy, \quad D = \{(x,y) \mid x^2 + y^2 \leq x\}$$

を求めよ.

(解) D は図 4.8 のようになるから

$$\iint_D \sqrt{x}\,dxdy = 2\int_0^1 dx \int_0^{\sqrt{x-x^2}} \sqrt{x}\,dy$$
$$= 2\int_0^1 \left[\sqrt{x}\,y\right]_{y=0}^{y=\sqrt{x-x^2}} dx = 2\int_0^1 x\sqrt{1-x}\,dx$$
$$= 2\int_0^1 x\left(-\frac{2}{3}(1-x)^{\frac{3}{2}}\right)' dx$$
$$= 2\left(\left[x\left(-\frac{2}{3}(1-x)^{\frac{3}{2}}\right)\right]_0^1 - \int_0^1 x'\left(-\frac{2}{3}(1-x)^{\frac{3}{2}}\right) dx\right)$$
$$= \frac{4}{3}\int_0^1 (1-x)^{\frac{3}{2}} dx = \frac{4}{3}\left[-\frac{2}{5}(1-x)^{\frac{5}{2}}\right]_0^1 = \frac{8}{15} \qquad \square$$

節末問題 4.2

1. 次の積分順序を変更せよ．

(1) $\displaystyle\int_0^1 dy \int_0^{\sqrt{1-y^2}} f(x,y)\,dx$

(2) $\displaystyle\int_1^3 dx \int_x^{6-x} f(x,y)\,dy$

2. 次の積分を求めよ．

(1) $\displaystyle\int_0^1 dx \int_x^{2x} 2x^2 y\,dy$

(2) $\displaystyle\iint_D y\,dxdy \qquad D: \sqrt{x}+\sqrt{y} \leqq 1$

(答) **1.** (1) $\displaystyle\int_0^1 dx \int_0^{\sqrt{1-x^2}} f(x,y)dy$

(2) $\displaystyle\int_1^3 dy \int_1^y f(x,y)dx + \int_3^5 dy \int_1^{6-y} f(x,y)dx$

2. (1) $\dfrac{3}{5}$ (2) $\dfrac{1}{30}$

4.3 変数変換

変数 x, y が他の変数 u, v の関数

$$x = \phi(u,v) , \quad y = \psi(u,v) \tag{1}$$

として表されているとする．このとき

$$uv \text{ 平面の点 } (u,v) \longrightarrow xy \text{ 平面の点 } (x,y)$$

$$x = \phi(u,v) , \quad y = \psi(u,v)$$

によって両平面の点が対応し，したがって両平面の図形が対応する．この対応が滑らかになるように $\phi(u,v), \psi(u,v)$ は連続微分可能と仮定する．

uv 平面上の点 $A(u_0, v_0)$ とこの A に十分近い点 $P(u_0 + \Delta u, v_0 + \Delta v)$ をとる．$\phi(u,v), \psi(u,v)$ は全微分可能であるから

$$\begin{aligned}
\Delta x &= \phi(u_0 + \Delta u, v_0 + \Delta v) - \phi(u_0, v_0) \\
&= \phi_u(u_0, v_0)\Delta u + \phi_v(u_0, v_0)\Delta v + \varepsilon_1 \sqrt{(\Delta u)^2 + (\Delta v)^2} \\
\Delta y &= \psi(u_0 + \Delta u, v_0 + \Delta v) - \psi(u_0, v_0) \\
&= \psi_u(u_0, v_0)\Delta u + \psi_v(u_0, v_0)\Delta v + \varepsilon_2 \sqrt{(\Delta u)^2 + (\Delta v)^2}
\end{aligned}$$

簡単のために

$$\begin{aligned}
\phi_u(u_0, v_0) = a , &\quad \phi_v(u_0, v_0) = b \\
\psi_u(u_0, v_0) = c , &\quad \psi_v(u_0, v_0) = d
\end{aligned}$$

とおくと，$\displaystyle\lim_{(\Delta u, \Delta v) \to (0,0)} \varepsilon_i = 0$ であるから，$|\Delta u|, |\Delta v|$ が十分に小さいときには，近似的に近似的に

$$\begin{cases} \Delta x = a\Delta u + b\Delta v \\ \Delta y = c\Delta u + d\Delta v \end{cases} \tag{2}$$

uv 平面上に点 $B(u_0 + \Delta u, v_0), C(u_0, v_0 + \Delta v)$ をとると

$$\overrightarrow{AB} = (\Delta u, 0), \quad \overrightarrow{AC} = (0, \Delta v)$$

であるから，$\overrightarrow{AB}, \overrightarrow{AC}$ のつくる長方形の面積は $|\Delta u \Delta v|$ となる．変換 (1) による A の像を A' とし，1次変換 (2) による $\overrightarrow{AB}, \overrightarrow{AC}$ の像を $\overrightarrow{A'B'}, \overrightarrow{A'C'}$ とすると

$$\overrightarrow{A'B'} = (a\Delta u, c\Delta u), \quad \overrightarrow{A'C'} = (b\Delta v, d\Delta v)$$

よって $\overrightarrow{A'B'}, \overrightarrow{A'C'}$ のつくる平行四辺形の面積は

$$|(ad-bc)\Delta u \Delta v|$$
$$= \left|\left(\phi_u(u_0,v_0)\psi_v(u_0,v_0) - \phi_v(u_0,v_0)\psi_u(u_0,v_0)\right)\Delta u \Delta v\right|$$

であるから，変換 (1) によって，点 A の近傍にある微小な図形の面積は

$$|\phi_u(u_0,v_0)\psi_v(u_0,v_0) - \phi_v(u_0,v_0)\psi_u(u_0,v_0)| \text{ 倍}$$

されることになる．そこで変換 (1) に対して，行列式

$$\begin{vmatrix} \phi_u & \phi_v \\ \psi_u & \psi_v \end{vmatrix} = \begin{vmatrix} x_u & x_v \\ y_u & y_v \end{vmatrix}$$

を考え，これを変換 (1) の**ヤコビアン (Jacobian，ヤコビ行列式)** と呼び

$$J(u,v), \quad \frac{\partial(x,y)}{\partial(u,v)}, \quad \cdots$$

などと表す．絶対値 $|J(u_0,v_0)|$ が点 $A(u_0,v_0)$ の近傍にある図形を変換 (1) で xy 平面にうつしたときの面積の比を表している．

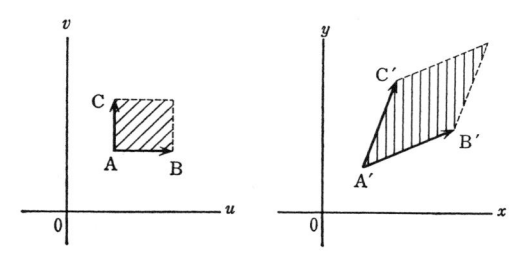

図 4.9

次に xy 平面上の領域 D をとる．D が変換 (1) によって uv 平面上の領域 E と 1 対 1 に対応しているとする．D 内の微小面積 $\Delta x \Delta y$ とそれに対応する E 内の微小面積 $\Delta u \Delta v$ の間には

$$\Delta x \Delta y = \left|\frac{\partial(x,y)}{\partial(u,v)}\right| \Delta u \Delta v$$

という関係がある．領域 D を有限個の小領域 D_{ij} に分割して，

$$(\xi_{ij}, \eta_{ij}) \in D_{ij}, \quad \xi_{ij} = \phi(\alpha_{ij}, \beta_{ij}), \quad \eta_{ij} = \psi(\alpha_{ij}, \beta_{ij})$$

とおくと，

$$\begin{aligned}
\iint_D f(x,y)\,dxdy &= \lim \sum_{i,j} f(\xi_{ij}, \eta_{ij}) \Delta x \Delta y \\
&= \lim \sum_{i,j} f\bigl(\phi(\alpha_{ij}, \beta_{ij}), \psi(\alpha_{ij}, \beta_{ij})\bigr) \left|\frac{\partial(x,y)}{\partial(u,v)}\right| \Delta u \Delta v \\
&= \iint_E f\bigl(\phi(u,v), \psi(u,v)\bigr) \left|\frac{\partial(x,y)}{\partial(u,v)}\right| dudv
\end{aligned}$$

ここで lim は領域の分割を一様に細かくすることを意味する．

以上をまとめて

定理 6 　変数変換 (1) によって，uv 平面上の有界領域 E と xy 平面上の有界領域 D が 1 対 1 に対応し，E において $\phi(u,v), \psi(u,v)$ が連続微分可能で，

$$J(u,v) = \frac{\partial(x,y)}{\partial(u,v)} = \begin{vmatrix} x_u & x_v \\ y_u & y_v \end{vmatrix} \neq 0$$

と仮定する．このとき，$f(x,y)$ が D で連続ならば

$$\iint_D f(x,y)\,dxdy = \iint_E f\bigl(\phi(u,v), \psi(u,v)\bigr) |J(u,v)|\,dudv$$

系

極座標変換： $x = r\cos\theta$, $y = r\sin\theta$

によって xy 平面の領域 D と $r\theta$ 平面の領域 E が1対1に対応する．そのとき $f(x,y)$ が D で連続ならば

$$\iint_D f(x,y)\,dxdy = \iint_E f(r\cos\theta, r\sin\theta)\,r\,drd\theta$$

証明

$$\frac{\partial(x,y)}{\partial(r,\theta)} = \begin{vmatrix} x_r & x_\theta \\ y_r & y_\theta \end{vmatrix} = \begin{vmatrix} \cos\theta & -r\sin\theta \\ \sin\theta & r\cos\theta \end{vmatrix} = r$$

による． ∎

【例題4】 $D = \left\{ (x,y) \;\middle|\; 0 \leqq x+y \leqq 1,\; 0 \leqq x-y \leqq \dfrac{\pi}{2} \right\}$ としたとき，

$$\iint_D (x+y)^3 \sin(x-y)\,dxdy$$

を求めよ．

(解) 変数変換 $x+y = u,\; x-y = v$ により， D は領域

$$E : 0 \leqq u \leqq 1,\; 0 \leqq v \leqq \frac{\pi}{2}$$

と1対1に対応する．このとき， $x = \dfrac{1}{2}u + \dfrac{1}{2}v,\; y = \dfrac{1}{2}u - \dfrac{1}{2}v$ より

$$J(u,v) = \begin{vmatrix} x_u & x_v \\ y_u & y_v \end{vmatrix} = \begin{vmatrix} \dfrac{1}{2} & \dfrac{1}{2} \\ \dfrac{1}{2} & -\dfrac{1}{2} \end{vmatrix} = -\frac{1}{2}$$

であるから $|J(u,v)| = \dfrac{1}{2}$

$$\iint_D (x+y)^3 \sin(x-y)\,dxdy = \iint_E u^3 \sin v \left| -\frac{1}{2} \right| dudv$$

$$= \frac{1}{2} \int_0^1 u^3 du \int_0^{\pi/2} \sin v\,dv$$

$$= \frac{1}{2} \left[\frac{u^4}{4} \right]_0^1 \left[-\cos v \right]_0^{\pi/2} = \frac{1}{8} \qquad \square$$

4.3 変数変換

【例題 5】 $D = \{(x,y) \mid x^2 + y^2 \leq 4\}$ としたとき，次の重積分を求めよ．

$$\iint_D \sqrt{4-x^2-y^2}\, dxdy$$

(解) 座標変換によって D は $r\theta$ 平面の領域

$$E : 0 \leq r \leq 2,\ 0 \leq \theta \leq 2\pi$$

と対応する．したがって

$$\begin{aligned}\iint_D \sqrt{4-x^2-y^2}\, dxdy &= \iint_E \sqrt{4-r^2}\, r\, drd\theta \\ &= \int_0^{2\pi} d\theta \int_0^2 \sqrt{4-r^2}\, r\, dr \\ &= 2\pi \left[-\frac{1}{3}(4-r^2)^{\frac{3}{2}}\right]_0^2 = \frac{16}{3}\pi\end{aligned}$$

□

【例題 6】 $f(x,y) = f(y,x)$ のとき次式を証明せよ．

$$\int_0^1 dx \int_0^x f(x,y)\, dy = \int_0^1 dx \int_0^x f(1-x, 1-y)\, dy$$

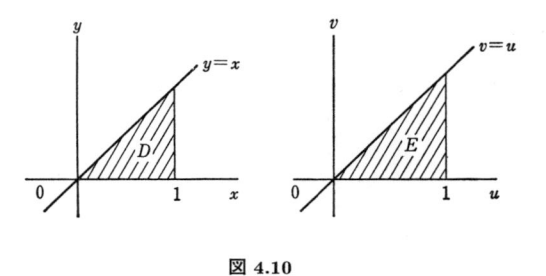

図 4.10

証明 まず

$$\int_0^1 dx \int_0^x f(x,y)\, dy = \iint_D f(x,y)\, dxdy$$

に注意する．変数変換 $u = 1-y,\ v = 1-x$ により，xy 平面の領域

$$D : 0 \leq x \leq 1,\ 0 \leq y \leq x$$

は uv 平面の領域

$$E : 0 \leqq v \leqq u \leqq 1$$

と 1 対 1 に対応する.

$$J(u,v) = \begin{vmatrix} x_u & x_v \\ y_u & y_v \end{vmatrix} = \begin{vmatrix} 0 & -1 \\ -1 & 0 \end{vmatrix} = -1$$

なので

$$\iint_D f(x,y)\,dxdy = \iint_E f(1-v, 1-u)\,|J(u,v)|\,dudv$$
$$= \int_0^1 du \int_0^u f(1-v, 1-u)\,dv$$

仮定 $f(x,y) = f(y,x)$ は $f(1-v, 1-u) = f(1-u, 1-v)$ を意味するので,

$$\iint_D f(x,y)\,dxdy = \int_0^1 du \int_0^u f(1-u, 1-v)\,dv$$
$$= \int_0^1 dx \int_0^x f(1-x, 1-y)\,dy \qquad \blacksquare$$

節末問題 4.3

1. 次の積分を極座標変換を用いて求めよ.

$$\iint_D x^3 y\, dxdy \qquad D: x^2+y^2 \leq 1,\ 0 \leq x \leq y$$

2. 次の積分を変数変換 $x=u,\ y=uv$ を用いて求めよ.

$$\iint_D \frac{1}{x^2+y^2}\, dxdy \qquad D: 1 \leq x \leq 2,\ 0 \leq y \leq x$$

(答) **1.** $\dfrac{1}{96}$

2. $E=\{(u,v)|1\leq u\leq 2, 0\leq v\leq 1\}$ が D と $1:1$ に対応するから

$$\iint_D \frac{1}{x^2+y^2}dxdy = \iint_E \frac{u}{u^2(v^2+1)}dudv$$
$$= \int_1^2 \frac{1}{u}du \int_0^1 \frac{1}{v^2+1}dv = \frac{\pi}{4}\log 2$$

4.4 広義積分

領域 D が有界でない場合に重積分を拡張することを考える．D に含まれる有界閉領域列 $\{D_n\}$ が次を満たすとき，$\{D_n\}$ は D に収束する増加列であるという．

(i) $D_n \subset D_{n+1}$ $(n = 1, 2, \cdots)$

(ii) D 内の任意の有界領域は，十分に大きい n に対する領域 D_n に含まれる

D に含まれるいかなる増加列に対しても

$$\lim_{n \to \infty} \iint_{D_n} f(x, y)\, dxdy$$

が存在して，その値が $\{D_n\}$ のとり方に無関係に定まるとき，$f(x,y)$ は D で**広義積分可能**であるといい，次のように表す．

$$\lim_{n \to \infty} \iint_{D_n} f(x, y)\, dxdy = \iint_D f(x, y)\, dxdy$$

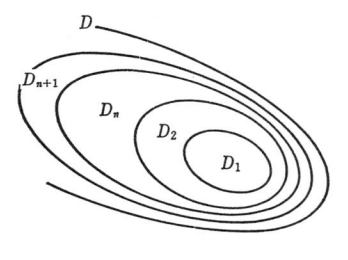

図 4.11

定理 7 D において関数 $f(x, y)$ は定符号とする．D に収束する 1 つの増加列 $\{D_n\}$ に対して，

$$I_n = \iint_{D_n} f(x, y)\, dxdy$$

とする．$\lim_{n \to \infty} I_n$ が存在するならば，D における広義積分が存在する．

【**例題 7**】 有界でない領域 $D = \{(x, y) \mid x \geq 0,\ y \geq 0\}$ に対して，

$$\iint_D e^{-x^2 - y^2}\, dxdy = \frac{\pi}{4}$$

を示し，この結果を用いて

$$\int_0^\infty e^{-x^2}dx = \frac{\sqrt{\pi}}{2}$$

を証明せよ．

証明 $D_n = \{(x,y) \mid x^2 + y^2 \leq n^2,\ x \geq 0,\ y \geq 0\}$ とおくと，$\{D_n\}$ は D に収束する増加列となる．

$$I_n = \iint_{D_n} e^{-x^2-y^2}dxdy$$

に極座標変換をほどこすと

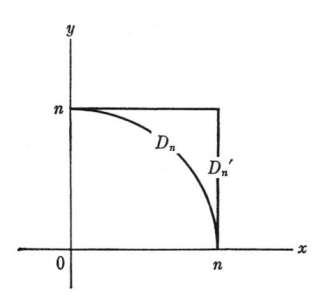

図 4.12

$$\begin{aligned} I_n &= \int_0^{\frac{\pi}{2}} \int_0^n e^{-r^2} r\, drd\theta \\ &= \frac{\pi}{2}\left[-\frac{1}{2}e^{-r^2}\right]_0^n \\ &= \frac{\pi}{4}\left(1 - \frac{1}{e^{n^2}}\right) \end{aligned}$$

よって $\displaystyle\lim_{n\to\infty} I_n = \frac{\pi}{4}$．$e^{-x^2-y^2} > 0$ であるから，$e^{-x^2-y^2}$ は D で広義積分可能で

$$\iint_D e^{-x^2-y^2}dxdy = \frac{\pi}{4}$$

一方，$D'_n = \{(x,y) \mid 0 \leq x \leq n,\ 0 \leq y \leq n\}$ とすると $\{D'_n\}$ も D に収束する増加列となり

$$\begin{aligned} \iint_{D'_n} e^{-x^2-y^2}dxdy &= \int_0^n e^{-x^2}dx \int_0^n e^{-y^2}dy \\ &= \left(\int_0^n e^{-x^2}dx\right)^2 \end{aligned}$$

なので

$$\begin{aligned} \frac{\pi}{4} &= \lim_{n\to\infty} \iint_{D'_n} e^{-x^2-y^2}dxdy \\ &= \lim_{n\to\infty}\left(\int_0^n e^{-x^2}dx\right)^2 \end{aligned}$$

$$= \left(\int_0^\infty e^{-x^2}dx\right)^2$$

したがって

$$\int_0^\infty e^{-x^2}dx = \frac{\sqrt{\pi}}{2} \qquad \square$$

節末問題 4.4

次の積分を求めよ.

1. $\displaystyle\iint_D \frac{1}{(x+y+1)^3}\,dxdy$ 　　　　$D: x \geqq 0, \quad y \geqq 0$

2. $\displaystyle\iint_D \frac{1}{(x^2+y^2+1)^2}\,dxdy$ 　　　　$D: 全平面$

3. $\displaystyle\iint_D \frac{1}{(x^2+y^2)^2}\,dxdy$ 　　　　$D: x^2+y^2 \geqq 1$

(答) 1. $\dfrac{1}{2}$ 　2. π 　3. π

4.5 3 重 積 分

3変数関数 $w = f(x, y, z)$ は xyz 空間のある有界閉領域 V で連続とする．V を xyz 空間の小領域 $V_1, V_2, \cdots, V_n$ に分割し，この分割を Δ で表す．各 V_i の体積を $|V_i|$ とし，V_i 内に任意の点 $P_i(x_i, y_i, z_i)$ をとり，和

$$S(\Delta) = \sum_{i=1}^{n} f(x_i, y_i, z_i) |V_i| \tag{1}$$

を考える．小領域 V_i を含む球の最小の半径を r_i とする．ここで $n \to \infty$ とし，同時に $\max_i r_i \to 0$ とするとき，

分割の仕方，　　点 P_i のとり方

に関係なく，$S(\Delta)$ が一定の値 A に収束するならば

$f(x, y, z)$ は V で 3 重積分可能である

といい，次のように表す．

$$\iiint_V f(x, y, z)\, dx dy dz = A$$

重積分の場合と同様に，$f(x, y, z)$ が連続ならば，3 重積分は累次積分と一致する．

図 4.13 のように

$$V = \{(x, y, x) \mid a \le x \le b,$$
$$\phi_1(x) \le y \le \phi_2(x),$$
$$\psi_1(x, y) \le z \le \psi_2(x, y)\}$$

とすると

$$\iiint_V f(x, y, z)\, dx dy dz$$
$$= \int_a^b \left(\int_{\phi_1(x)}^{\phi_2(x)} \left(\int_{\psi_1(x, y)}^{\psi_2(x, y)} f(x, y, z)\, dz \right) dy \right) dx$$

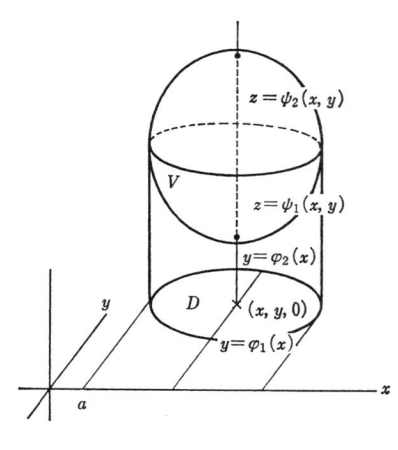

図 4.13

これを略して次のように書く．

$$\int_a^b dx \int_{\phi_1(x)}^{\phi_2(x)} dy \int_{\psi_1(x,y)}^{\psi_2(x,y)} f(x,y,z)\,dz$$

【例題8】 次の3重積分を求めよ．

$$\int_0^1 dx \int_0^3 dy \int_0^2 2x^3 y^2 z\, dz$$

(解)

$$\begin{aligned}
I &= \int_0^1 dx \int_0^3 \left[2x^3 y^2 \frac{z^2}{2}\right]_{z=0}^{z=2} dy \\
&= \int_0^1 dx \int_0^3 4x^3 y^2 dy \\
&= \int_0^1 \left[4x^3 \frac{y^3}{3}\right]_{y=0}^{y=3} dx \\
&= \int_0^1 36 x^3 dx \\
&= 36 \left[\frac{x^4}{4}\right]_0^1 = 9
\end{aligned}$$

【例題9】

$$V = \{(x,y,z) \mid x \geqq 0,\ y \geqq 0,\ z \geqq 0,\ x+y+z \leqq 1\}$$

に対して，次の3重積分を求めよ．

$$I = \iiint_V 8(x+y+z)\,dxdydz$$

(解)
$$\begin{aligned}
I &= \int_0^1 dx \int_0^{1-x} dy \int_0^{1-x-y} 8(x+y+z)\,dz \\
&= 8 \int_0^1 dx \int_0^{1-x} \left[(x+y)z + \frac{z^2}{2}\right]_{z=0}^{z=1-x-y} dy
\end{aligned}$$

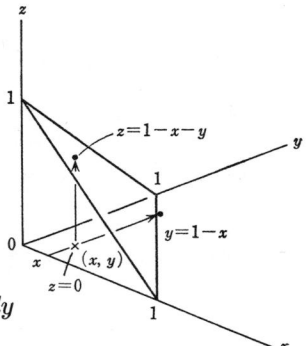

図 4.14

$$= 8\int_0^1 dx \int_0^{1-x} \left((x+y)(1-x-y) + \frac{1}{2}(1-x-y)^2\right) dy$$

$$= 8\int_0^1 dx \int_0^{1-x} \left(\frac{1}{2} - \frac{1}{2}(x+y)^2\right) dy$$

$$= \int_0^1 \left[\frac{y}{2} - \frac{1}{6}(x+y)^3\right]_{y=0}^{y=1-x} dx$$

$$= 8\int_0^1 \left(\frac{1}{3} - \frac{x}{2} + \frac{1}{6}x^3\right) dx = 1 \qquad \square$$

3重積分の変数変換について次の定理が成り立つ.

定理 8　変数変換

$$x = g_1(u,v,w),\ y = g_2(u,v,w),\ z = g_3(u,v,w)$$

により uvw 空間の領域 E が xyz 空間の領域 V に 1 対 1 に対応し，g_1, g_2, g_3 は連続微分可能とする．このとき

$$J(u,v,w) = \begin{vmatrix} x_u & x_v & x_w \\ y_u & y_v & y_w \\ z_u & z_v & z_w \end{vmatrix} \neq 0$$

ならば

$$\iiint_V f(x,y,x)\,dxdydz$$
$$= \iiint_E f\bigl(g_1(u,v,w), g_2(u,v,w), g_3(u,v,w)\bigr)\,|J(u,v,w)|\,dudvdw$$

【例題10】　極座標への変換

直交座標 $(x,y,z) \longleftrightarrow$ 極座標 (r,θ,ϕ) 　$(r \geqq 0,\ 0 \leqq \theta \leqq \pi,\ 0 \leqq \phi \leqq 2\pi)$

$$x = r\sin\theta\cos\phi,\ y = r\sin\theta\sin\phi,\ z = r\cos\theta$$

$$J(r,\theta,z) = \begin{vmatrix} x_r & x_\theta & x_\phi \\ y_r & y_\theta & y_\phi \\ z_r & z_\theta & z_\phi \end{vmatrix}$$

$$= \begin{vmatrix} \sin\theta\cos\phi & r\cos\theta\cos\phi & -r\sin\theta\sin\phi \\ \sin\theta\sin\phi & r\cos\theta\sin\phi & r\sin\theta\cos\phi \\ \cos\theta & -r\sin\theta & 0 \end{vmatrix} = r^2\sin\theta$$

によって

$$\iiint_V f(x,y,x)\,dxdydz$$
$$= \iiint_E f(r\sin\theta\cos\phi, r\sin\theta\sin\phi, r\cos\theta)\,r^2\sin\theta\,drd\theta d\phi$$

【例題11】 円柱座標への変換

直交座標 $(x,y,z) \longleftrightarrow$ 円柱座標 (r,θ,z)

$$x = r\cos\theta,\ y = r\sin\theta,\ z = z$$

$$J(r,\theta,z) = \begin{vmatrix} x_r & x_\theta & x_z \\ y_r & y_\theta & y_z \\ z_r & z_\theta & z_z \end{vmatrix} = \begin{vmatrix} \cos\theta & -r\sin\theta & 0 \\ \sin\theta & r\cos\theta & 0 \\ 0 & 0 & 1 \end{vmatrix} = r$$

によって

$$\iiint_V f(x,y,x)\,dxdyxz = \iiint_E f(r\cos\theta, r\sin\theta, z)\,rdrd\theta dz$$

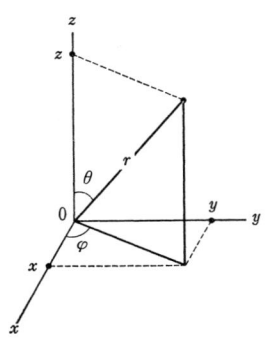

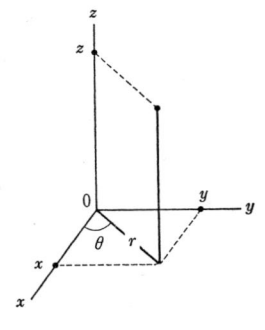

図 4.15

図 4.16

【例題12】
$$V = \{(x,y,z) \,|\, x \geq 0,\ y \geq 0,\ z \geq 0,\ x^2+y^2+z^2 \leq 1\}$$
に対して，次の3重積分を求めよ．
$$I = \iiint_V 16x\,dxdydz$$

(**解**) 極座標変換
$$x = r\sin\theta\cos\phi,\ y = r\sin\theta\sin\phi,\ z = r\cos\theta$$
を行うと，V と1対1に対応する $r\theta\phi$ 空間の領域は
$$E = \left\{(r,\theta,\phi)\,\middle|\, 0 \leq r \leq 1,\ 0 \leq \theta \leq \frac{\pi}{2},\ 0 \leq \phi \leq \frac{\pi}{2}\right\}$$
なので

$$\begin{aligned}
I &= \iiint_E 16\,r\sin\theta\cos\phi\,r^2\sin\theta\,drd\theta d\phi \\
&= 16\int_0^1 dr \int_0^{\pi/2} d\theta \int_0^{\pi/2} r^3 \sin^2\theta\cos\phi\,d\phi \\
&= 16\int_0^1 dr \int_0^{\pi/2} r^3 \sin^2\theta \Big[\sin\phi\Big]_0^{\pi/2} d\theta \\
&= 16\int_0^1 dr \int_0^{\pi/2} r^3 \sin^2\theta\,d\theta \\
&= 16\int_0^1 dr \int_0^{\pi/2} r^3 \frac{1-\cos 2\theta}{2}\,d\theta \\
&= 16\int_0^1 r^3 \left[\frac{1}{2}\theta - \frac{\sin 2\theta}{4}\right]_0^{\pi/2} dr \\
&= 4\pi \int_0^1 r^3 dr \\
&= 4\pi \left[\frac{r^4}{4}\right]_0^1 = \pi
\end{aligned}$$
□

【例題13】
$$V = \{(x,y,z)\,|\,x^2+y^2 \leq 1,\ 0 \leq z \leq 1\}$$

に対して，次の 3 重積分を求めよ．

$$I = \iiint_V x^2 \, dxdydz$$

(**解**) 円柱座標

$$x = r\cos\theta, \ y = r\sin\theta, \ z = z$$

を導入することにより，積分領域 V は

$$E = \{(r, \theta, \phi) \,|\, 0 \leqq r \leqq 1, \ 0 \leqq \theta \leqq 2\pi, \ 0 \leqq z \leqq 1\}$$

に変換されるので

$$\begin{aligned}
I &= \iiint_V x^2 dxdydz \\
&= \iiint_E r^2 \cos^2\theta \, rdrd\theta dz \\
&= \iiint_E r^3 \cos^2\theta \, drd\theta dz \\
&= \left(\int_0^1 r^3 dr\right)\left(\int_0^{2\pi} \cos^2\theta \, d\theta\right)\left(\int_0^1 dz\right) \\
&= \left[\frac{r^4}{4}\right]_0^1 \left[\frac{\theta}{2} + \frac{\sin 2\theta}{4}\right]_0^{2\pi} \left[z\right]_0^1 = \frac{\pi}{4}
\end{aligned}$$

節末問題 4.5

問　次の 3 重積分を求めよ.

1. $\displaystyle\int_0^a dx \int_0^x dy \int_0^y (x^2 + yz)\,dz$

2. $\displaystyle\int_0^{2\pi} d\theta \int_0^{\frac{\pi}{3}} d\phi \int_0^{\frac{1}{\cos\phi}} \cos\phi \sin\phi\,dr$

3. $\displaystyle\iiint_V \sin(x+y+z)\,dxdydz \qquad V : 0 \leqq x, y, z \leqq \pi$

4. $\displaystyle\iiint_V e^{x+y+z}\,dxdydz \qquad V : 0 \leqq y \leqq x \leqq 1,\ 0 \leqq z \leqq x+y$

(答)　**1.** $\dfrac{1}{8}a^5$,　**2.** π,　**3.** -8,　**4.** $\dfrac{e^4 - 6e^2 + 8e - 3}{8}$

4.6 重積分の応用

4.6.1 体　積

定理 9　xy 平面上の領域 D を底面とする柱体で，2つの曲面 $z = f(x, y)$, $z = g(x, y)$ によってはさまれる部分の体積を V とすると

$$V = \iint_D |f(x, y) - g(x, y)| \, dxdy$$

【例題 14】　曲面 $z = x^2 + y^2$ と平面 $z = a \ (a > 0)$ で囲まれる立体の体積を求めよ．

(解)　立体の xy 平面への正射影は $D = \{(x, y) \, | \, x^2 + y^2 \leqq a\}$ なので，求める体積 V は

$$V = \iint_D \left(a - (x^2 + y^2)\right) dxdy$$

である．$x = r\cos\theta, y = r\sin\theta$ とおくと，D に対応する $r\theta$ 平面の領域 E は

$$E = \{(r, \theta) \, | \, 0 \leqq r \leqq \sqrt{a}, \ 0 \leqq \theta \leqq 2\pi\}$$

なので

$$V = \iint_E (a - r^2) r \, drd\theta$$
$$= \int_0^{2\pi} d\theta \int_0^{\sqrt{a}} (ar - r^3) \, dr = \frac{\pi a^2}{2} \qquad \square$$

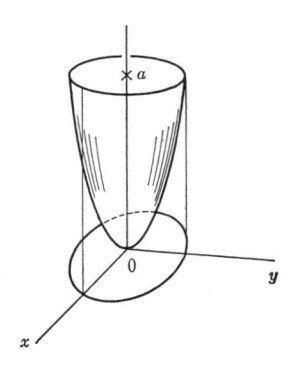

図 4.17

4.6.2 曲　面　積

xy 平面上の領域 D で定義された曲面 $S : z = f(x, y)$ 上に点 $A(a, b, f(a, b))$ をとる．点 A における接平面は，2つのベクトル $\boldsymbol{t}_x = (1, 0, f_x)$, $\boldsymbol{t}_y = (0, 1, f_y)$ で張られる平面である．このベクトルの xy 平面上への正射影はそれぞれ

$t'_x = (1,0)$, $t'_y = (0,1)$ である.接平面上で t_x, t_y で定まる平行四辺形の面積は

$$\sqrt{|t_x|^2|t_y|^2 - (t_x \cdot t_y)^2} = \sqrt{(1+f_x^2)(1+f_y^2) - (f_xf_y)^2}$$
$$= \sqrt{1+f_x^2+f_y^2}$$

その正射影は t'_x, t'_y で定まる正方形であるからその面積は 1 である.曲面 S 上の点 A の近傍では,A における接平面が S のきわめて良い近似を与えているので,点 A の近傍では曲面 S の微小部分の面積は,その正射影の面積の $\sqrt{1+f_x^2+f_y^2}$ 倍になっている.

次に,定義域 D を小領域 D_i の和に分割し,D_i 内に任意に点 P_i をとり,和

$$S(\Delta) = \sum_i \sqrt{1+f_x^2(P_i)+f_y^2(P_i)}\,|D_i|$$

をつくる.$S(\Delta)$ は曲面 S の面積の近似値であり,分割 Δ を細かくしたときの $S(\Delta)$ の極限値が S の面積を表す.

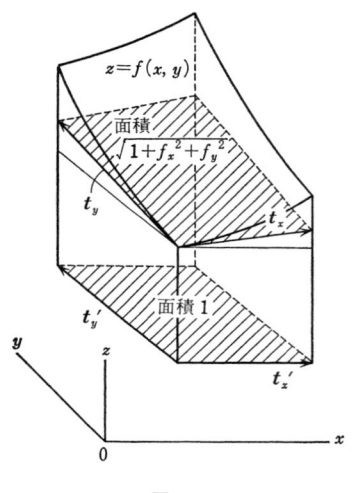

図 4.18

定理 10 領域 D 上の曲面 $z = f(x,y)$ の曲面積を S とすると

$$S = \iint_D \sqrt{1+f_x^2+f_y^2}\,dxdy$$

【例題 15】 球面 $x^2+y^2+z^2 = a^2$ $(a>0)$ の表面積を求めよ.

(解) 上半球面の方程式は

$$z = f(x, y) = \sqrt{a^2 - x^2 - y^2}$$

で与えられる．計算により

$$f_x(x, y) = -\frac{x}{\sqrt{a^2 - x^2 - y^2}}$$

$$f_y(x, y) = -\frac{y}{\sqrt{a^2 - x^2 - y^2}}$$

$$\sqrt{1 + f_x^2 + f_y^2} = \sqrt{1 + \frac{x^2}{a^2 - x^2 - y^2} + \frac{y^2}{a^2 - x^2 - y^2}}$$

$$= \frac{a}{\sqrt{a^2 - x^2 - y^2}}$$

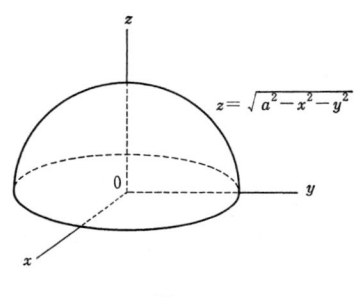

図 4.19

が得られる．また $z = f(x, y)$ の定義域 D は $a^2 - x^2 - y^2 \geqq 0$ すなわち $x^2 + y^2 \leqq a^2$ である．したがって，求める表面積 S は

$$S = 2 \iint_D \frac{a}{\sqrt{a^2 - x^2 - y^2}} \, dxdy$$

となる．これを極座標に変換すると

$$S = 2 \int_0^{2\pi} d\theta \int_0^a \frac{ar}{\sqrt{a^2 - r^2}} \, dr$$

$$= 2a \int_0^{2\pi} \left[-\sqrt{a^2 - r^2} \right]_{r=0}^{r=a} d\theta = 4\pi a^2 \qquad \square$$

節末問題 4.6

1. 次の立体の体積を求めよ．

(1) 平面
$$\frac{x}{a}+\frac{y}{b}+\frac{z}{c}=1 \quad (a,b,c>0)$$
と 3 つの座標平面とで囲まれる立体

(2) 円柱面
$$x^2+y^2=a^2 \quad (a>0)$$
が 2 平面
$$z=0, \quad z+x=a$$
で切り取られる部分の立体

2. 次の曲面積を求めよ．

(1) 平面
$$2x+2y+z=8$$
の $x\geqq 0, y\geqq 0, z\geqq 0$ の部分

(2) 円柱面
$$x^2+z^2=a^2 \quad (a>0)$$
の円柱面
$$x^2+y^2=a^2$$
の内部にある部分

(答) **1.** (1) $\dfrac{abc}{6}$, (2) πa^3
2. (1) 24, (2) $8a^2$

章末問題 4

1. 次の累次積分を求めよ．

(1) $\displaystyle\int_2^3 dx \int_2^x xy\, dy$
(2) $\displaystyle\int_0^{\frac{\pi}{2}} dy \int_{\frac{\pi}{2}}^{\pi} \sin(x+y)dx$

(3) $\displaystyle\int_{-1}^0 dx \int_0^1 (x+y)^2 dy$
(4) $\displaystyle\int_0^3 dy \int_0^2 xy e^{x-y}\, dx$

(5) $\displaystyle\int_0^1 dx \int_{x^2}^x (x-y)dy$
(6) $\displaystyle\int_0^1 dy \int_0^{\sqrt{1-y^2}} xy\, dx$

(7) $\displaystyle\int_{-1}^1 dx \int_{x^2+x}^{x+1} (x^2+y)dy$
(8) $\displaystyle\int_0^{\frac{1}{2}} dy \int_{y^2}^{\frac{y}{2}} 6y\, dx$

2. 次の 2 重積分の積分領域を図示し，積分の順序を交換せよ．ただし，$f(x,y)$ はおのおのの積分領域で連続な関数とする．

(1) $\displaystyle\int_0^2 dx \int_x^{4-x} f(x,y)dy$
(2) $\displaystyle\int_0^1 dx \int_{x^2}^1 f(x,y)dy$

(3) $\displaystyle\int_0^{\frac{1}{\sqrt{2}}} dy \int_y^{\sqrt{1-y^2}} f(x,y)dx$
(4) $\displaystyle\int_{-1}^1 dy \int_{y^2+y}^{y+1} f(x,y)dx$

3. 次の 2 重積分を計算せよ．

(1) $\displaystyle\iint_D (1-x^2+y^2)dxdy \qquad D: 0\leqq x,\ 0\leqq y,\ x+y\leqq 1$

(2) $\displaystyle\iint_D e^{x+y}dxdy \qquad D: y=0, x=2, y=\log x$ で囲まれる領域

(3) $\displaystyle\iint_D (x+y)dxdy \qquad D: 0\leqq x\leqq 1, 0\leqq y\leqq \dfrac{1}{x+1}$

4. 次の3重積分を求めよ．

(1) $\displaystyle\int_0^1 dz \int_0^2 dy \int_0^3 xyz\, dx$

(2) $\displaystyle\int_0^1 dx \int_{x^2}^x dy \int_0^{xy} dz$

(3) $\displaystyle\int_1^2 dz \int_0^2 dx \int_0^{\sqrt{3}x} \frac{x}{x^2+y^2} dy$

(4) $\displaystyle\int_0^{\frac{\pi}{2}} d\theta \int_0^{2\pi} d\varphi \int_0^{2\sin\theta} r\sin\theta\, dr$

5. 変数変換を用いて次の積分の値を求めよ．

(1) $\displaystyle\iint_D \frac{1}{x^2+y^2} dxdy \qquad D: 2^2 \leq x^2+y^2 \leq 4^2$

(2) $\displaystyle\iint_D (x+y)^3(2x-y)^2\, dxdy \qquad D: |x+y| \leq 5,\ |2x-y| \leq 3$

(3) $\displaystyle\iiint_D \sqrt{1-x^2-y^2-z^2}\, dxdydz$
    $D: x^2+y^2+z^2 \leq 1,\quad x \geq 0,\ y \geq 0,\ z \geq 0$

(4) $\displaystyle\iiint_D z^2\, dxdydz \qquad D: x^2+y^2+z^2 \leq 4$

6. 次の広義積分を計算せよ．

(1) $\displaystyle\iint_D \log(x^2+y^2)\, dxdy \qquad D: x^2+y^2 \leq 1$

(2) $\displaystyle\iint_D \frac{dxdy}{(x+y+1)^3} \qquad D: x \geq 0,\ y \geq 0$

7. 次の立体の体積を求めよ．
(1) 直円柱 $x^2+y^2=16$ と，2つの平面 $z=0,\ z=x+y+8$ によって囲まれる立体
(2) 曲面 $y^2+z^2=4x$，柱面 $y^2=x$，平面 $x=3$ によって囲まれる立体

8. 次の曲面の曲面積を求めよ．
(1) 円柱面 $x^2+y^2=4$ の2平面 $z=0,\ z=2x+4$ の間にはさまれた部分
(2) 球面 $x^2+y^2+z^2=16$ で2平面 $z=0$ と $z=2$ の間にはさまれた部分

(答) **1.** (1) $25/8$ (2) 0 (3) $1/6$ (4) $(e^2+1)(e^3-4)e^{-3}$
(5) $1/60$ (6) $1/8$ (7) $16/15$ (8) $1/32$

2. (1) $\displaystyle\int_0^2 dy\int_0^y f(x,y)dx + \int_2^4 dy\int_0^{4-y} f(x,y)dx$

(2) $\displaystyle\int_0^1 dy\int_0^{\sqrt{y}} f(x,y)dx$

(3) $\displaystyle\int_0^{\frac{1}{\sqrt{2}}} dx\int_0^x f(x,y)dy + \int_{\frac{1}{\sqrt{2}}}^1 dx\int_0^{\sqrt{1-x^2}} f(x,y)dy$

(4) $\displaystyle\int_{-\frac{1}{4}}^0 dx\int_{\frac{-1-\sqrt{1+4x}}{2}}^{\frac{-1+\sqrt{1+4x}}{2}} f(x,y)dy + \int_0^2 dx\int_{x-1}^{\frac{-1+\sqrt{1+4x}}{2}} f(x,y)dy$

3. (1) $1/2$ (2) e (3) $5/4 - \log 2$

4. (1) $\dfrac{9}{2}$ (2) $1/24$ (3) $2\pi/3$ (4) $8\pi/3$

5. (1) $2\pi\log 2$ (2) 0 (3) $\pi^2/32$ (4) $\dfrac{128}{15}\pi$

6. (1) $-\pi$ (2) $1/2$

7. (1) 128π (2) $12\pi - 9\sqrt{3}$

8. (1) 16π (2) 16π

索　引

ア　行

鞍点　75
1階線形微分方程式　67
一般解　66
陰関数　73, 87, 105
　　──の存在定理　105
n階の微分方程式　65
n階偏導関数　92
n回連続微分可能　92
オイラーの公式　24

カ　行

ガンマ関数　60
逆三角関数　8
極限値　76
極小　26, 98
極小値　98
曲線の長さ　63
極大　26, 98
極大値　98
極値　98
グラフ　73
原始関数　38
広義積分　57, 58
広義積分可能　130
広義の極値　101
合成関数　15
　　──の微分　86
　　──の偏微分　88

サ　行

3階偏導関数　92
三角関数　6
3重積分可能　134
指数関数　1
シュワルツの定理　91
条件付極値　108
初等関数　1
正弦関数　6
正接関数　6
積分因子　68
積分可能　36, 57, 115
積分定数　39
接平面　83
全微分　83
全微分可能　82

タ　行

対数関数　3
対数微分法　16
置換積分法　43, 46
定義域　73
定積分　36
停留点　99
テーラー級数　22
テーラー展開　22, 94
テーラーの定理　33, 94
特異点　106
特殊解　66

ナ 行

2階偏導関数　91

ハ 行

微分　12
微分積分法の基本定理　40
微分方程式　65
　——の解　65
不定積分　38
部分積分法　45, 46
部分分数に分解する　49
平均値の定理　21, 94
閉領域　114
変数分離形の微分方程式　65
偏導関数　80
偏微分可能　80
偏微分係数　80
方向微分係数　88

マ 行

マクローリン展開　22, 95
マクローリンの定理　95

ヤ 行

ヤコビアン　124
ヤコビ行列　124
有界領域　114
余弦関数　6

ラ 行

ラグランジュの乗数法　108
ラジアン　6
領域　114
累次積分　119
連続　76
ロジスティック方程式　67
ロピタルの定理　30
ロルの定理　33

微分積分学 20 講　　　　　　定価はカバーに表示

2003 年 2 月 25 日　初版第 1 刷
2023 年 1 月 20 日　　　第 23 刷

編著者　数学・基礎教育研究会
発行者　朝　倉　誠　造
発行所　株式会社　朝　倉　書　店
　　　　東京都新宿区新小川町 6–29
　　　　郵便番号　　162–8707
　　　　電　話　03（3260）0141
　　　　F A X　03（3260）0180
　　　　https://www.asakura.co.jp

〈検印省略〉

© 2003〈無断複写・転載を禁ず〉　　　　　Printed in Korea

ISBN 978-4-254-11095-1　C 3041

JCOPY ＜出版者著作権管理機構　委託出版物＞

本書の無断複写は著作権法上での例外を除き禁じられています．複写される場合は，そのつど事前に，出版者著作権管理機構（電話 03-5244-5088, FAX 03-5244-5089, e-mail: info@jcopy.or.jp）の許諾を得てください．

淡中忠郎著 朝倉数学講座1 **代　　数　　学**（復刊） 11671-7 C3341　　A5判 236頁 本体3400円	代数の初歩を高校上級レベルからやさしく説いた入門書．多くの実例で問題を解く技術が身に付く〔内容〕二項定理・多項定理／複素数／整式・有理式／対称式・交代式／三・四次方程式／代数方程式／行列式／ベクトル空間／行列環・二次形式他
矢野健太郎著 朝倉数学講座2 **解　析　幾　何　学**（復刊） 11672-4 C3341　　A5判 236頁 本体3400円	解析幾何学の初歩を高校上級レベルからやさしく解説．解析幾何学本来の方法をくわしく説明した〔内容〕平面上の点の位置(解析幾何学／点の座標／他)／平面上の直線／円／2次曲線／空間における点／空間における直線と平面／2次曲面／他
能代　清著 朝倉数学講座3 **微　　分　　学**（復刊） 11673-1 C3341　　A5判 264頁 本体3400円	極限に関する知識を整理しながら，微分学の要点を多くの図・例・注意・問題を用いて平易に解説．〔内容〕実数の性質／函数(写像／合成函数／逆函数他)／初等函数(指数・対数函数他)／導函数／函数の応用／級数／偏導函数／偏導函数の応用他
井上正雄著 朝倉数学講座4 **積　　分　　学**（復刊） 11674-8 C3341　　A5判 260頁 本体3400円	豊富な例題・図版を用いて，具体的な問題解法を中心に，計算技術の習得に重点を置いて解説した〔内容〕基礎概念(区分求積法他)／不定積分／定積分(面積／曲線の長さ他)／重積分(体積／ガウス・グリーンの公式他)／補説(リーマン積分)／他
小堀　憲著 朝倉数学講座5 **微　分　方　程　式**（復刊） 11675-5 C3341　　A5判 248頁 本体3400円	「解く」ことを中心に，「現代数学における最も重要な分科」である微分方程式の解法と理論を解説．〔内容〕序説／1階微分方程式／高階微分方程式／高階線型／連立線型／ラプラス変換／級数による解法／1階偏微分方程式／2階偏微分方程式／他
小松勇作著 朝倉数学講座6 **函　　数　　論**（復刊） 11676-2 C3341　　A5判 248頁 本体3400円	初めて函数論を学ぼうとする人のために，一般函数論の基礎概念をできるだけ平易かつ厳密に解説〔内容〕複素数／複素函数／複素微分と複素積分／正則函数(テイラー展開／解析接続／留数他)／等角写像(写像定理／鏡像原理他)／有理型函数／他
亀谷俊司著 朝倉数学講座7 **集　合　と　位　相**（復刊） 11677-9 C3341　　A5判 224頁 本体3400円	数学的言語の「文法」となっている集合論と位相空間論の初歩を，素朴直観的な立場から解説する．〔内容〕集合と濃度／順序集合／選択公理とツォルンの補題／位相空間(近傍他)／コンパクト性と連結性／距離空間／直積空間とチコノフの定理／他
大槻富之助著 朝倉数学講座8 **微　分　幾　何　学**（復刊） 11678-6 C3341　　A5判 228頁 本体3400円	読者が図形的考察になじむことに主眼をおき，古典的方法から動く座標系，テンソル解析まで解説〔内容〕曲線論(ベクトル／フレネの公式／曲率他)／曲面論(微分形式／包絡面他)／曲面上の幾何学(多様体／リーマン幾何学他)／曲面の特殊理論他
河田竜夫著 朝倉数学講座9 **確　率　と　統　計**（復刊） 11679-3 C3341　　A5判 252頁 本体3400円	確率・統計の基礎概念を明らかにすることに主眼を置き，確率論の体系と推定・検定の基礎を解説〔内容〕確率の概念(事象／確率変数他)／確率変数の分布函数・平均値／独立確率変数列／独立でない確率変数列(マルコフ連鎖他)／統計的推測／他
清水辰次郎著 朝倉数学講座10 **応　　用　　数　　学**（復刊） 11680-9 C3341　　A5判 264頁 本体3400円	フーリエ変換，ラプラス変換からオペレーションズリサーチまで，応用数学の手法を具体的に解説〔内容〕フーリエ級数／応用偏微分方程式(絃の振動／ポテンシャル他)／ラプラス変換／自動制御理論／ゲームの理論／線型計画法／待ち行列／他

永田雅宜著
基礎数学シリーズ1
抽象代数への入門 (復刊)
11701-1 C3341　　　　B 5 判 200頁 本体3200円

群・環・体を中心に少数の素材を用いて，ていねいに「抽象化」の考え方・理論の組み立て方を解説〔内容〕算法をもつ集合(集合についての基本的事項/環・体の定義他)/準同型(剰余類/作用域他)/可換環/素イデアル他)/体/非可換環/関手他

永尾 汎著
基礎数学シリーズ2
群　論　の　基　礎 (復刊)
11702-8 C3341　　　　B 5 判 164頁 本体2900円

「群」の考え方について可能な限りていねいに説明し，併せて現代数学に不可欠な群論の基礎を解説〔内容〕集合と写像/群の概念(対称群他)/部分群・剰余類/正規部分群・剰余群/直積・組成列/アーベル群/有限群/一次変換群/表現論/他

小松醇郎・菅原正博著
基礎数学シリーズ3
ベクトル空間入門 (復刊)
11703-5 C3341　　　　B 5 判 204頁 本体3200円

ベクトルとは何か？ベクトルの意味を理解し，さらにベクトル空間の概念にまで発展するよう解説〔内容〕集合・実数についての準備/空間のアフィン構造/ベクトルの線形性・計量性/空間の点変換/n次元ベクトル空間/体上のベクトル空間他

瀧澤精二著
基礎数学シリーズ4
幾　何　学　入　門 (復刊)
11704-2 C3341　　　　B 5 判 264頁 本体3500円

古典幾何から非ユークリッド幾何・射影幾何へ。基礎から丁寧に解説して新しい数学へとつなげる〔内容〕公理系と幾何学/射影公理系/射影座標系/射影的対応/変換群と幾何学(アフィン幾何・共形幾何他)/付録(集合と順序/集合と演算)他

松村英之著
基礎数学シリーズ5
集　合　論　入　門 (復刊)
11705-9 C3341　　　　B 5 判 204頁 本体3200円

現代数学の基礎としての集合論を形式ばらずに解説。基本的考え方に重点を置き，しかも内容豊富〔内容〕集合算(ド・モルガンの法則他)/濃度(可算集合/連続の濃度他)/順序(有限と無限/カントールの実数論他)/圏と関手(直積/直和他)/他

菅原正博著
基礎数学シリーズ6
位　相　へ　の　入　門 (復刊)
11706-6 C3341　　　　B 5 判 208頁 本体3200円

"近い"とは何だろうか？「距離」「位相」という考え方を基礎から説明し位相空間の理論へとつなげる〔内容〕集合/実数の集合R/実平面R^2/距離空間/距離空間の完備性とコンパクト性/位相空間/可算公理・連結性・分離条件/コンパクト性/他

奥川光太郎著
基礎数学シリーズ7
線　形　代　数　学　入　門 (復刊)
11707-3 C3341　　　　B 5 判 214頁 本体3200円

直線・曲線・曲面など平面・空間でのテーマや応用例を豊富に取りあげ，線形代数の考え方を解説〔内容〕ベクトル/行列/行列式/行列の積/行列の階数/座標変換/2次形式(ユニタリー空間/エルミート形式他)/付録(置換/斉次座標)他

小堀 憲著
基礎数学シリーズ8
複　素　解　析　学　入　門 (復刊)
11708-0 C3341　　　　B 5 判 240頁 本体3200円

微積分の知識だけを前提に複素数の函数を詳解。特に重要な基礎概念は，くどいほどくわしく説明〔内容〕複素数/函数とべき級数/微分法/積分法(コーシーの公式他)/テイラー級数とローラン級数/留数定理とその応用(ルーシェの定理他)/他

亀谷俊司著
基礎数学シリーズ9
解　析　学　入　門 (復刊)
11709-7 C3341　　　　B 5 判 372頁 本体3500円

"近似"という考え方を原点に，微積分：極限のさまざまな姿と性質を，注意深い教育的配慮で解説〔内容〕集合・論理・写像/極限と連続関数(実数/数列/関数列他)/微分法(微分係数/テイラーの定理他)/積分法(1変数・多変数)/級数/解答他

楠 幸男著
基礎数学シリーズ10
無　限　級　数　入　門 (復刊)
11710-3 C3341　　　　B 5 判 204頁 本体3200円

解析の基礎となる"級数"のさまざまな姿を取り上げ，その全貌を基礎からヒルベルト空間まで解説〔内容〕基礎概念(数列と極限/数列の収束判定条件)/数級数/函数項級数/函数の級数展開/複素級数/解析函数/ノルム空間における級数/他

◆ 数学30講シリーズ〈全10巻〉 ◆

著者自らの言葉と表現で語りかける大好評シリーズ

前東工大 志賀浩二著 数学30講シリーズ1 **微 分・積 分 30 講** 11476-8 C3341　　A5判 208頁 本体3400円	〔内容〕数直線／関数とグラフ／有理関数と簡単な無理関数の微分／三角関数／指数関数／対数関数／合成関数の微分と逆関数の微分／不定積分／定積分／円の面積と球の体積／極限について／平均値の定理／テイラー展開／ウォリスの公式／他
前東工大 志賀浩二著 数学30講シリーズ2 **線 形 代 数 30 講** 11477-5 C3341　　A5判 216頁 本体3600円	〔内容〕ツル・カメ算と連立方程式／方程式，関数，写像／2次元の数ベクトル空間／線形写像と行列／ベクトル空間／基底と次元／正則行列と基底変換／正則行列と基本行列／行列式の性質／基底変換から固有値問題へ／固有値と固有ベクトル／他
前東工大 志賀浩二著 数学30講シリーズ3 **集 合 へ の 30 講** 11478-2 C3341　　A5判 196頁 本体3600円	〔内容〕身近なところにある集合／集合に関する基本概念／可算集合／実数の集合／写像／濃度／連続体の濃度をもつ集合／順序集合／整列集合／順序数／比較可能定理，整列可能定理／選択公理のヴァリエーション／連続体仮説／カントル／他
前東工大 志賀浩二著 数学30講シリーズ4 **位 相 へ の 30 講** 11479-9 C3341　　A5判 228頁 本体3600円	〔内容〕遠さ，近さと数直線／集積点／連続性／距離空間／点列の収束，開集合，閉集合／近傍と閉包／連続写像／同相写像／連結空間／ベールの性質／完備化／位相空間／コンパクト空間／分離公理／ウリゾーン定理／位相空間から距離空間／他
前東工大 志賀浩二著 数学30講シリーズ5 **解 析 入 門 30 講** 11480-5 C3341　　A5判 260頁 本体3600円	〔内容〕数直線の生い立ち／実数の連続性／関数の極限値／微分と導関数／テイラー展開／ベキ級数／不定積分から微分方程式へ／線形微分方程式／面積／定積分／指数関数再考／2変数関数の微分可能性／逆写像定理／2変数関数の積分／他
前東工大 志賀浩二著 数学30講シリーズ7 **ベクトル解析 30 講** 11482-9 C3341　　A5判 244頁 本体3400円	〔内容〕ベクトルとは／ベクトル空間／双対ベクトル空間／双線形関数／テンソル代数／外積代数の構造／計量ベクトル空間／基底の変換／グリーンの公式と微分形式／外微分の不変性／ガウスの定理／ストークスの定理／リーマン計量／他
前東工大 志賀浩二著 数学30講シリーズ8 **群 論 へ の 30 講** 11483-6 C3341　　A5判 244頁 本体3400円	〔内容〕シンメトリーと群／群の定義／群に関する基本的な概念／対称群と交代群／正多面体群／部分群による類別／巡回群／整数と群／群と変換／軌道／正規部分群／アーベル群／自由群／有限的に表示される群／位相群／不変測度／群環／他
前東工大 志賀浩二著 数学30講シリーズ9 **ル ベ ー グ 積 分 30 講** 11484-3 C3341　　A5判 256頁 本体3600円	〔内容〕広がっていく極限／数直線上の長さ／ふつうの面積概念／ルベーグ測度／可測集合／カラテオドリの構成／測度空間／リーマン積分／ルベーグ積分へ向けて／可測関数の積分／可積分関数の作る空間／ヴィタリの被覆定理／フビニ定理／他
前東工大 志賀浩二著 数学30講シリーズ10 **固 有 値 問 題 30 講** 11485-0 C3341　　A5判 260頁 本体3600円	〔内容〕平面上の線形写像／隠されているベクトルを求めて／線形写像と行列／固有空間／正規直交基底／エルミート作用素／積分方程式／フレードホルムの理論／ヒルベルト空間／閉部分空間／完全連続な作用素／スペクトル／非有界作用素／他

上記価格（税別）は 2022年 1月現在